编委会成员

（排名不分先后）

总 主 编：文　健

副总主编：钟卓丽　胡华中　周可亮　盛希希

总 顾 问：吴宗建（高级设计师、华南农业大学艺术学院副教授）

顾　　问：郭　琼（博士、华南农业大学林学院副教授）

　　　　　王　萍（广东工业大学艺术设计学院副教授、环境艺术系主任）

　　　　　林　波（广州珠江装饰工程有限公司设计所所长）

　　　　　胡小梅（广东省设计师中心主任）

　　　　　林建飞（高级设计师、广州美术学院副教授）

　　　　　陈　游（高级设计师、广东省装饰行业协会理事）

　　　　　黎　明（广东省装饰行业协会院校委员会会长）

　　　　　李　毅（广东省装饰行业协会技能鉴定所所长）

主任委员：周　晖（广州城建职业学院建工系主任）

　　　　　何平静（广西师范大学美术学院院长）

　　　　　石树勇（广州科技职业技术学院艺术系主任）

　　　　　陈　炜（江西师范大学美术学院环艺系主任）

　　　　　刘红波（柳州城市职业技术学院艺术与传媒系主任）

　　　　　刘　晃（桂林理工大学博文管理学院艺术系副主任）

　　　　　韦剑华（桂林旅游高等专科学校视觉艺术系主任）

　　　　　刘志宠（广西师范大学职业技术师范学院艺术设计教研室主任）

　　　　　徐志伟（广州动漫产业人才培训广州大学基地副主任）

　　　　　陈春花（中山职业技术学院环境艺术设计专业学科带头人）

　　　　　孙光意（肇庆工商职业技术学院艺术系主任）

　　　　　彭清林（肇庆科技职业技术学院艺术系主任）

委　　员：鄢维峰　刘　兵　叶晓燕　刘　明　林怡标　魏爱敏　盘　城　陈福兰

　　　　　黄　洋　胡　娉　何　丽　张志军　邹　斌　曾　东　杨碧香　张　霞

　　　　　王闽松　常　娜　巫丽红　邓　泰　韩建伟　衣国庆　毕秀梅　付效梅

　　　　　罗祥俊　关　未　吴　伟　赵成余　郑　福　邓超林　秦　杰　周　鑫

　　　　　张文娟　金　樾　刘　颖　徐　冰　陈辛哲　陈国兴　程　功　杨　群

　　　　　徐慧敏　蓝　青　詹素琼

"十二五"高职高专艺术设计专业规划教材

建筑装饰设计

文　健　叶晓燕　魏爱敏　主编

盛希希　胡　娉　副主编

北京交通大学出版社

·北京·

内 容 简 介

本书从建筑装饰设计的基本概念、设计风格、建筑室内空间设计、人体工程学、室内软装饰设计、建筑装饰色彩与照明设计、居住空间装饰设计、餐饮空间装饰设计等方面全方位、系统地对建筑装饰设计的理论、表达方式和设计技巧进行清晰而细致的讲解。

本书内容全面、图文并茂、理论结合实践、紧接专业市场、实践性强，对在校学生有很大的指导作用。本书的图片全部为彩图，且都是通过精挑细选而来，能帮助学生更加形象直观地理解理论知识，这些精美的图片还具有较高的参考和收藏价值。本书可作为高职高专类院校建筑装饰设计和环境艺术设计专业的教材，还可以作为行业爱好者的自学辅导用书。

图书在版编目（CIP）数据

建筑装饰设计 / 文健，叶晓燕，魏爱敏主编 . —北京：北京交通大学出版社，2013.4
（"十二五"高职高专艺术设计专业规划教材)
ISBN 978-5121-1427-2

Ⅰ.①建… Ⅱ.①文… ②叶… ③魏… Ⅲ.①建筑装饰–建筑设计–高等职业教育–教材 Ⅳ.①TU238

中国版本图书馆CIP数据核字（2013）第074207

责任编辑：吴嫦娥　　特邀编辑：林夕莲
出版发行：北京交通大学出版社　　　　　电话：010-51686414
　　　　　北京市海淀区高梁桥斜街44号　邮编：100044
印 刷 者：北京朗翔印刷有限公司
经　　销：全国新华书店
开　　本：210×285　印张：12　字数：415千字
版　　次：2013年5月第1版　2013年5月第1次印刷
书　　号：ISBN 978-7-5121-1427-2/TU·107
印　　数：1~3 000册　定价：47.00元

本书如有质量问题，请向北京交通大学出版社质监组反映。对您的意见和批评，我们表示欢迎和感谢。
投诉电话：010-51686043，51686008；传真：010-62225406；E-mail：press@bjtu.edu.cn。

"十二五"高职高专艺术设计专业规划教材

一、合作学校（排名不分先后）：

广州城建职业学院	广州城建技师学院
广州美术学院继续教育学院	番禺职业技术学院
广西师范大学	广州涉外经济职业技术学院
广州科技职业技术学院	广州大学纺织学院
广东农工商职业技术学院	广州纺织服装学校
广西师范大学职业技术师范学院	广东机电职业技术学院
柳州城市职业技术学院	清远职业技术学院
桂林理工大学博文管理学院	广州白云技术学院
桂林旅游高等专科学校	广州轻工技师学院
广州大学华软软件学院	广州国防技师学院
中山职业技术学院	北京理工大学珠海学院
北京师范大学珠海学院	南京工业职业技术学院
肇庆工商职业技术学院	黑龙江农业职业学院
肇庆科技职业技术学院	桂林漓江学院
广东职业技术师范学院美术学院	华南农业大学珠江学院
广东职业技术师范学院天河学院	广州城市职业学院

二、合作支持企业（校企合作共建课程体系）：

广东省装饰行业协会	广东省美术设计装修工程有限公司
广东省环境艺术设计协会	广州华业鸿图装饰设计工程有限公司
广东省设计师中心	广州翰思装饰设计有限公司
广东集美装饰设计工程有限公司	

前言

建筑装饰设计是根据建筑物的使用性质及所处环境和相应标准，综合运用现代物质技术手段、科技手段和艺术手段，创造出功能合理，舒适优美，符合人的生理和心理需求，使使用者心情愉快，便于学习、工作、生活和休息的室内外环境的设计活动。建筑装饰设计直接关系到人们生活和工作的质量，关系到人们的安全、健康和工作效率，是建筑设计的继续和深化，是建筑空间和环境的再创造。同时，它也是建筑的灵魂，是人与环境的联系，是人类艺术与物质文明的结合。

建筑装饰设计是一种认知过程，设计的感染力与设计师的情感有着紧密的关系，设计师强烈的创作欲望必将极大地调动起自己的生活和文化素质积淀。空间的大小、色彩的协调与对比、线条的流畅、材料的选择与变化，都蕴含和表达着设计师的情感和创造力。建筑装饰设计教育的教学目标就是帮助学生建立较为系统和完善的建筑装饰设计理论体系，并在此基础上通过案例教学，培养学生运用建筑装饰设计理论、方法和技巧，完成对不同建筑室内外空间的功能装修和美学装饰。

"建筑装饰设计"是环境艺术设计和建筑装饰设计专业的一门必修主干课程。这门课程对于提高学生的设计水平起着至关重要的作用。本书从建筑装饰设计的基本概念、设计风格、建筑室内空间设计、人体工程学、室内软装饰设计、建筑装饰色彩与照明设计、居住空间装饰设计、餐饮空间装饰设计等方面全方位、系统地对建筑装饰设计的理论、表达方式和设计技巧进行清晰而细致的讲解。本书内容全面、图文并茂、理论结合实践、紧接专业市场、实践性强，对在校学生有很大的指导作用。本书的图片全部为彩图，且都是通过精挑细选而来，能帮助学生更加形象直观地理解理论知识，这些精美的图片还具有较高的参考和收藏价值。本书可作为高职高专类院校建筑装饰设计和环境艺术设计专业的教材，还可以作为行业爱好者的自学辅导用书。

本书在编写过程中得到了广州城建职业学院建筑工程系广大师生的大力支持和帮助，本书的项目一、项目三、项目五、项目六和项目七由文健编写，项目二和项目四由叶晓燕编写，魏爱敏、盛希希、胡娉、林建飞、赵成余、郑福、吴伟等设计师为本书提供了大量设计案例和图片，在此表示衷心的感谢。由于编者的学术水平有限，本书可能存在一些不足之处，敬请读者批评指正。

文 健

2013年2月14日

目　录

项目一 认识建筑装饰设计

【学习目标】

1.了解建筑装饰设计的基本概念；

2.了解建筑装饰设计的内容；

3.了解建筑装饰设计的主要流行风格；

4.掌握建筑装饰设计的程序。

【教学方法】

1.讲授、图片展示结合课堂提问和案例分析，通过大量的精美建筑装饰设计图片的展示和实战设计案例的分析与讲解，启发和引导学生的设计思维，培养学生对于本课程的学习兴趣，锻炼学生的自我学习能力；

2.遵循教师为主导、学生为主体的原则，采用多种教学方法的有机结合，激发学生的学习积极性，变被动学习为主动学习。

【学习要点】

1.了解建筑装饰设计的主要流行风格，提升学生的设计审美能力；

2.掌握建筑装饰设计的程序，并通过对该程序的了解，明确今后学习的重点。

任务一　了解建筑装饰设计的基本概念

一、建筑装饰设计的概念和特点

建筑装饰设计是根据建筑物的使用性质及所处环境和相应标准，综合运用现代物质技术手段、科技手段和艺术手段，创造出功能合理，舒适优美，符合人的生理和心理需求，使使用者心情愉快，便于学习、工作、生活和休息的室内外环境的设计活动。建筑装饰设计所创造的室内外环境既有使用价值，又满足相应的功能要求，同时也反映了历史文脉、建筑风格特征、环境气氛等精神因素。"创造出满足人们物质和精神生活需求的建筑室内外环境"是建筑装饰设计的目的。建筑装饰设计是综合的室内外环境设计，它包括视觉美学效果和工程技术方面的知识，也包括声、光、热、材料、通风等物理环境以及视觉美学效果、空间氛围和意境等心理环境和文化内涵等内容。

建筑装饰设计是一门综合性学科，它所涉及地范围非常广泛，包括声学、力学、光学、美学、哲学、心理学、环境学、材料学、色彩学等知识。它也具有以下鲜明的特点。

1.建筑装饰设计强调"以人为本"的设计宗旨

建筑装饰设计的主要目的就是创造舒适美观的室内外空间环境，满足人们多元化的物质和精神需求，确保人们在室内外空间活动的安全和身心健康，综合处理人与环境、人与工具等多项关系。科学地了解人的生理和心理特点以及视觉感受，创造出适宜人使用的室内外空间环境，是建筑装饰设计的根本宗旨。

2.建筑装饰设计是工程技术与艺术的结合

建筑装饰设计强调工程技术手段和艺术创造的相互渗透与结合，建筑装饰设计师只有将艺术和技术完美地结合起来，才能使设计达到最佳的效果，创造出舒适、宜人的室内外空间环境。装饰施工技术不断进步，装饰新材料不断涌现，对建筑装饰设计的发展起了积极的推动作用，也为建筑装饰设计提供了无穷的设计素材和灵感，运用这些物质技术手段结合艺术的美学，创造出具有表现力和感染力的室内外空间形象将使得建筑装饰设计更加为大众所认同和接受。

3.建筑装饰设计是一门可持续发展的学科

建筑装饰设计的一个显著特点就是它对由于时间的推移而引起的室内外功能的改变显得特别突出和敏感。当今社会生活节奏日益加快，室内外空间的功能也趋于复杂和多变，装饰材料、建筑设备的更新换代不断加快，建筑装饰设计的"无形折旧"更趋明显，人们对室内外空间环境的审美也随着时间的推移而不断改变。这就要求建筑装饰设计师必须时刻站在时代的前沿，创造出具有时代特色和文化内涵的室内外环境空间。

二、建筑装饰设计的分类

建筑装饰设计按照建筑空间的内外划分，分为室内空间环境装饰设计和室外空间环境装饰设计；建筑装饰设计按照装饰的系统和门类分为装饰造型设计、装饰照明设计、装饰色彩设计、装饰材料设计和装饰陈设设计等；建筑装饰设计按照空间的使用功能分为环境景观装饰设计、居住空间装饰设计、餐饮空间装饰设计、办公空间装饰设计和酒店空间装饰设计等。

建筑装饰设计欣赏如图1-1～图1-6所示。

图1-1 室内空间环境装饰设计（邱德光 作）

图1-2 室外空间环境装饰设计 香格里拉酒店环境景观

图1-3 居住空间装饰设计（南宁荣和天地）（文健 作）

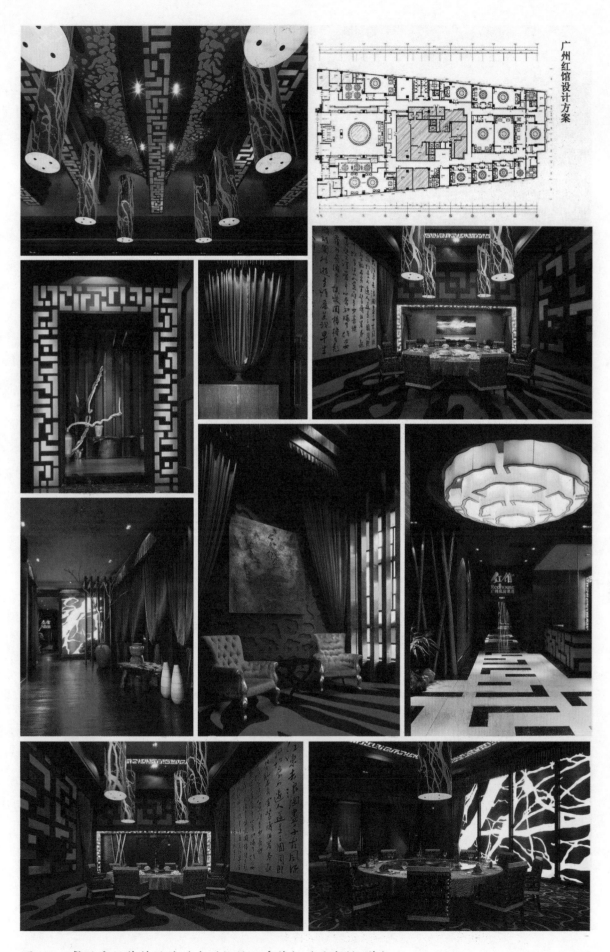

图1-4　餐饮空间装饰设计（广州红馆私房菜）（吴宗敏　作）

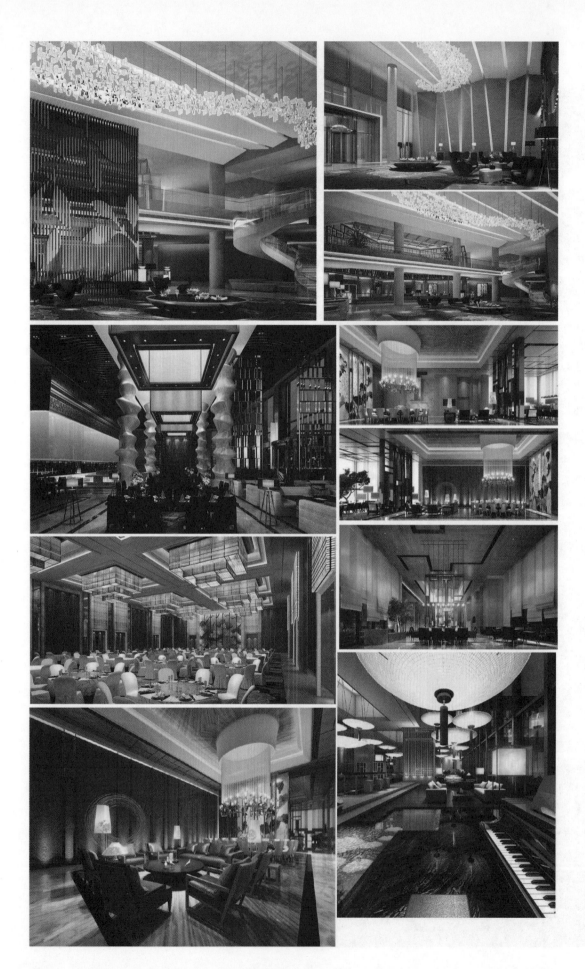

图1-5　酒店空间装饰设计1（广西华美达酒店）（郑福、文健 作）

图1-6　酒店空间装饰设计2（广西华美达酒店）（郑福、文健　作）

1.什么是建筑装饰设计？

2.建筑装饰设计有哪些特点？

任务二　了解建筑装饰设计的主要流行风格

【学习目标】

1.了解建筑装饰设计的主要流行风格；

2.能够运用装饰风格特征对建筑空间环境进行分类和鉴赏。

【教学方法】

1.讲授、图片展示结合课堂提问，通过大量的精美建筑装饰设计风格图片展示，启发和引导学生的设计思维，培养学生建筑空间环境的审美能力；

2.遵循教师为主导、学生为主体的原则，采用多种教学方法的有机结合，激发学生的学习积极性，变被动学习为主动学习。

【学习要点】

1.了解建筑装饰设计主要流行风格的特征；

2.能鉴赏和分析不同风格的建筑空间。

一、建筑装饰设计风格的含义

风格即风度品格，它体现着设计创作中的艺术特色和个性。建筑装饰设计风格是指建筑室内外空间环境所营造出来的、特定的艺术特性和品格。它蕴含着人们对建筑空间的使用要求和审美需求，展现着不同的历史文化内涵，改造了人们的生活方式，创新了生活理念，越来越受到人们的关注。

二、建筑装饰设计风格的主要流行风格

当代建筑装饰设计的主要流行风格有欧式古典风格、中式风格、现代简约风格和新地方主义风格四大类。

1.欧式古典风格

欧式古典风格建筑装饰设计是以欧洲古代经典的建筑装饰设计为依托，将历史上已有的造型样式、装饰图案和装饰陈设运用到建筑空间的装饰上，营造出精美、奢华、富丽堂皇的空间效果的设计形式。欧式经典造型样式包括古希腊的柱式，古罗马的券拱、壁炉和雕花石膏线条等。在造型设计上讲究对称手法，体现出庄重、大气、典雅的特点。

欧式古典风格建筑装饰设计的代表性装饰式样与装饰陈设有：

① 由具有对称与重复效果的回字形装饰线条组成的装饰面板；

② 带有纹理的、精致的磨光大理石；

③ 带有装饰图案的石头马赛克；

④ 以卷形草叶和漩涡形曲线为主的精美绣花墙纸和地毯；

⑤ 以金箔、宝石、水晶和青铜材料配合精美手工布艺、皮革制作而成的家具和陈设；

⑥ 多重褶皱的水波形绣花窗帘、豪华的艺术造型水晶吊灯等。

欧式古典风格建筑装饰设计如图1-7～图1-9所示。

图1-7 欧式古典风格建筑装饰设计1

图1-8 欧式古典风格建筑装饰设计2（阿一鲍鱼餐厅）（文健、吴伟 作）

图1-9 欧式古典风格建筑装饰设计3（阿一鲍鱼餐厅）（文健、吴伟 作）

2.中式风格

中式风格的建筑装饰设计以中国传统文化为基础，具有鲜明的民族特色。中式风格的建筑装饰以木材为主,家具和门窗也多采用木制品,布局匀称、均衡,井然有序,注重与周围环境的和谐、统一,体现出中国传统设计理念中崇尚自然、返璞归真,以及天人合一的思想。

中式风格建筑装饰设计,从造型样式到装饰图案均表现出端庄的气度和儒雅的风采,其代表性装饰式样与室内陈设如下。

(1) 墙面的装饰造型常采用对称式布局,显得庄重、大方、儒雅;方与圆的造型呼应也是中式风格的特色之一,如圆形餐厅吊顶与方形餐桌的天圆地方呼应,外方内圆的雕花罩门、博古架等。

(2) 中国传统建筑装饰构件也是中式风格常用的造型元素,如冰花窗格、斗拱、石鼓等。

(3) 中式风格的色彩以褐色、黄色和青色为主,给人以沉稳、朴素、宁静、优雅的感觉。

(4) 墙面的装饰物有手工编织物(如刺绣、传统服饰等)、中国传统绘画(花鸟、人物、山水)、书法作品、对联等;地面铺手工编织地毯,图案常用"回"字纹,墙纸图案常选用中国传统花鸟画题材。

(5) 家具以明清时期的代表家具为主,如榻、条案、圈椅、太师椅、炕桌等;家具的靠垫、卧室的枕头和装饰台布常用绸、缎、丝等做材料,表面用刺绣或印花图案做装饰。红、黑或宝石蓝为主调,既热烈又含蓄,既浓艳又典雅。还可绣上"福"、"禄"、"寿"、"喜"等字样,或者是龙凤呈祥之类的中国吉祥图案。

(6) 室内灯饰常用木制造型灯或羊皮灯,结合中式传统木雕图案,灯光多用暖色调,营造出温馨、柔和的氛围;室内陈设品常用玉石、唐三彩、青花瓷器、藤编、竹编、盆景、民间工艺品(如泥人、布老虎、金银器、中国结等);家具、字画和陈设的摆放多采用对称的形式和均衡的手法,这种格局是中国传统礼教精神的直接反映。

中式风格的建筑装饰设计还常常巧妙地运用隐喻和借景的手法,努力创造一种安宁、和谐、含蓄而清雅的意境。如图1-10～图1-12所示。

图1-10　中式古典风格建筑装饰设计1

图1-11 中式古典风格建筑装饰设计2

图1-12　中式古典风格建筑装饰设计3

3.现代简约风格

现代简约主义也称功能主义，是工业社会的产物，兴起于20世纪初的欧洲，提倡突破传统，创造革新，重视功能和空间组织，注重发挥结构构成本身的形式美，造型简洁，崇尚合理的构成工艺；尊重材料的特性，讲究材料自身的质地；强调设计与工业生产的联系。提倡技术与艺术相结合，把合乎目的性、合乎规律性作为艺术的标准，并延伸到空间设计中，主张设计为大众服务。现代简约风格的核心内容是采用简洁的形式达到低造价、低成本的目的，并营造出朴素、纯净、雅致的空间氛围。

现代简约风格建筑装饰设计的代表性装饰式样与陈设如下。

(1) 提倡功能至上，反对过度装饰，主张使用白色、灰色等中性色彩，建筑空间结构多采用方形或规则的几何形组合，在处理手法上主张流动空间的设计理念。

(2) 强调建筑空间形态和构件的单一性、抽象性，追求材料、技术和空间表现的精确度。常运用几何要素（如点、线、面、体块等）来对家具进行组合，从而让人感受到简洁明快的时代感和抽象的美感。

(3) 常采用玻璃、浅色石材、不锈钢等光洁、明亮的材料。家具与灯饰崇尚设计意念，造型简洁，讲究人体工学。

(4) 陈设品简单、抽象，往往采用较纯的色彩，造成一定的视觉变化。

现代简约风格室内软装饰设计如图1-13～图1-15所示。

图1-13　现代简约风格建筑装饰设计1（梁志天　作）

图1-14 现代简约风格建筑装饰设计2（梁志天 作）

图1-15　现代简约风格建筑装饰设计3（牙科诊所设计）

4. 新地方主义风格

新地方主义风格是指在建筑装饰设计中强调地方特色和民俗风格，提倡因地制宜的乡土味和民族化的风格形式。倡导回归自然的设计手法，推崇自然与现代相结合的设计理念，空间多采用当地的原木、石材、板岩和藤制品等天然材料，色彩多为纯正天然的色彩，如矿物质的颜色。材料的质地较粗，并有明显、纯正的肌理纹路。强调自然光的引进，整体空间效果呈现出清新、淡雅的氛围。

新地方主义风格建筑装饰设计的代表性装饰式样与陈设如下。

(1) 由于地域的差异，没有严格的一成不变的规则和模式，自由度较大，以反映某个地区的艺术特色和民间工艺水平为主。

(2) 设计中尽量使用地方材料和做法，如保持自然纹理和木本色的家具、古朴的铁艺灯饰、藤编的工艺品、草编的地毯、印花的织物等，营造出乡土气息，造成朴素、原始的感觉。

(3) 注重与当地环境和风土人情的融合，从地方传统中汲取营养。

新地方主义风格建筑装饰设计如图1-16～图1-20所示。

图1-16　新地方主义风格——美式乡村风格建筑装饰设计

图1-17　新地方主义风格——英式田园风格建筑装饰设计

图1-18　新地方主义风格——地中海风格建筑装饰设计

图1-19 新地方主义风格——普罗旺斯风格建筑装饰设计

图1-20　新地方主义风格——东南亚风格建筑装饰设计

1.欧式古典风格建筑装饰设计的代表性装饰式样与陈设有哪些？

2.中式风格建筑装饰设计的代表性装饰式样与陈设有哪些？

3.现代简约风格建筑装饰设计的代表性装饰式样与陈设有哪些？

任务三 掌握建筑装饰设计的程序

【学习目标】

1.了解建筑装饰设计的设计程序；

2.能够按照建筑装饰设计的设计程序制作设计提案。

【教学方法】

1.讲授、图片展示结合课堂提问和教学现场示范，通过大量的设计案例分析，启发和引导学生的设计思维，锻炼学生制作设计提案的能力；

2.遵循教师为主导，学生为主体的原则，采用多种教学方法的有机结合，激发学生的学习积极性，变被动学习为主动学习。

【学习要点】

1.掌握成功设计案例的设计要领；

2.能运用平面设计软件制作设计提案。

一、建筑装饰设计的程序

建筑装饰设计水平的高低、质量的优劣与设计者的专业素质和文化艺术素养紧密相连。而各个单项设计最终实施后成果的品位，又和该项工程和具体的施工技术、用材质量、设施配置情况，以及与建设者（即业主）的协调关系密切相关，即设计是具有决定意义的最关键的环节和前提，但最终成果的质量有赖于：设计、施工、用材（包括设施）、与业主关系的整体协调。

建筑装饰设计的程序是指完成建筑装饰设计项目的步骤和方法，是保证设计质量的前提。建筑装饰设计的程序一般分为三个阶段，即设计提案阶段、方案设计阶段和设计实施阶段。

1.设计提案阶段

这一阶段的工作要点主要有以下8个方面。

(1) 接受设计委托任务，或根据标书要求参加投标。

(2) 明确设计期限，制订设计计划，综合考虑各工种的配合和协调。

(3) 明确设计任务和要求，如空间的使用性质、功能特点、等级标准和造价等。

(4) 勘察现场，拍摄建筑结构照片，丈量尺寸，与甲方交流，初步了解项目的基本情况。

(5) 通过与甲方的深入交谈，了解甲方对装饰的要求和构想，尽量满足甲方的愿望和要求。作为一名优秀的设计师，既要虚心听取甲方对设计的要求和看法，又要通过自己的创造性劳动，引导甲方接受自己的设计方案，提升项目的专业水准和设计水平。

(6) 明确设计项目中所需材料的情况，掌握这些材料的价格、质量、规格、色彩、防火等级和环保指标等内容，并熟悉材料的供货渠道。

(7) 制作设计提案，包括初步平面布置图、设计意向图以及空间、造型、色彩、照明、材料、通风、结构改造的初步设计意见。

(8) 签订设计合同，制定进度安排表，与甲方商议确定设计费。

2.方案设计阶段

(1) 收集、分析和运用与设计任务有关的资料与信息，构思设计草图，完善平面设计方案，制作空间电脑效果图。

(2) 优化空间电脑效果图，并通过与甲方的沟通，对设计进行完善和深化，绘制施工图。施工图包括平面图、天花图、拆墙建墙图、水电图、立面图、剖面图、大样图和材料实样图等。

平面图主要反映的是空间的布局关系、交通的流动路线、家具的基本尺寸、门窗的位置、地面的标高和地面的材料铺设等内容。

天花图主要反映吊顶的形式、标高和材料，以及照明线路、灯具和开关的布置，空调系统的出风口和回风口位置等内容。

立面图主要反映墙面的长、宽、高的尺度，墙面造型的样式、尺寸、色彩和材料，以及墙面陈设品的形式等内容。

剖面图主要反映空间的高低落差关系和家具、造型的纵深结构；大样图主要反映家具和造型的细节结构，是剖面图的有效补充。

3.设计实施阶段

设计实施阶段是设计师通过与施工单位的合作，将设计图纸转化为实际工程效果的过程。在这一阶段设计师应该与施工人员进行广泛的沟通和交流，及时解答现场施工人员所遇到的问题，并进行合理的设计调整和修改，在合同规定的期限内，保质保量地完成工程项目。

建筑装饰设计的程序如图1-21和图1-22所示。

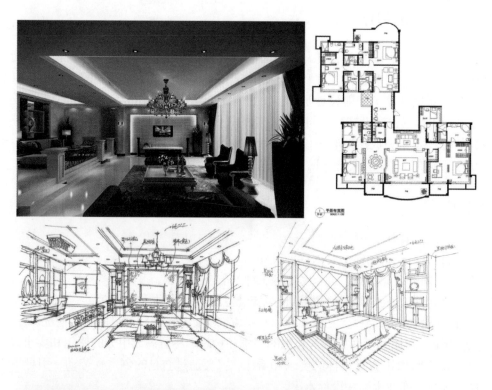

南宁温总别墅设计

以欧式古典风格为主要设计风格，使空间具有庄重典雅、高贵的气质，彰显出主人尊贵的品质和非凡的气度，以及对高品位生活的追求和崇尚。

图1-21 建筑装饰设计的程序1（文健、邓超林 作）

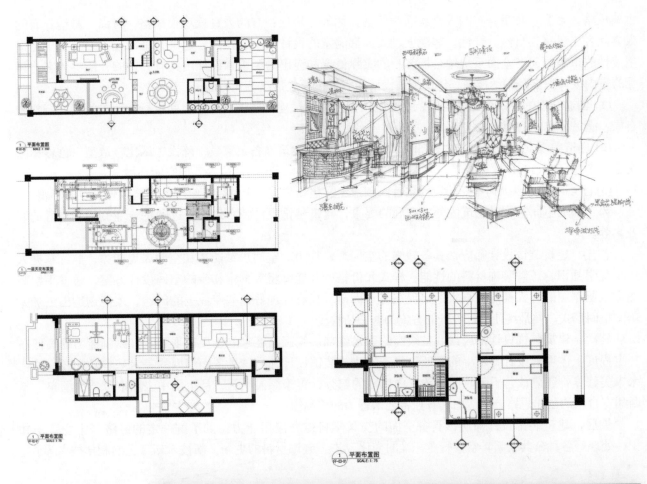

南宁曾总别墅设计

以欧式古典风格为主调，主材选用大理石、墙布、镜面不锈钢等光亮的材料，表现出空间高贵、奢华的品质和优雅、庄重的气度。

图1-22　建筑装饰设计的程序2（文健、邓超林　作）

二、建筑装饰设计师的职责与素养

　　建筑装饰设计师的职业是为人们创造舒适、美观的建筑室内外环境，这种职业特点决定了建筑装饰设计师所服务的对象主要是人。因此，人的不同年龄、职业、爱好和审美倾向等因素制约着建筑装饰设计师的工作。建筑装饰设计师的职责就在于必须满足不同的人对室内空间的不同审美要求：有的人喜欢古典风格，雍容、华贵；有的人喜欢简约风格，休闲、轻松；有的人喜欢现代风格，时尚、激情；有的人喜欢乡土风格，自然、野性。客观上，人人都满意的设计是不存在的，建筑装饰设计师必须善于把握主流性的审美倾向，全面系统地分析客户的实际情况和提出的要求，设计出具有共性的，能够为客户接受的室内设计方案。归纳起来，建筑装饰设计的职责主要包括以下几方面。

(1) 创造合理的建筑内外部空间。主要是根据空间的尺度对建筑内外部空间进行合理的规划、调整和布局，满足各空间的功能要求。

(2) 创造美观、舒适的建筑内外部空间环境。主要对建筑设备、家具、陈设、绿化、造型、色彩和照明等要素进行精心的设计和布置，力求创造出具有较高艺术品位的建筑内外部空间环境。

(3) 注重体现"以人为本"的设计宗旨，创造出文化品位高、个性特征鲜明的建筑内外部空间环境。

为了满足不同客户对建筑内外部空间的要求，建筑装饰设计师必须具备过硬的专业知识和良好的职业素养。

首先，建筑装饰设计师应该具备较强的空间想象能力、空间思维能力和空间表现能力，熟练掌握人体工程学知识，了解装饰材料的性能、样式和价格，并能够将大脑中初步的空间设计方案，通过手绘制图或电脑制图的方式准确而真实地展现在客户面前。只有处理好这些专业上的问题，才能创造出更加完美的空间形式，并最终使自己设计的方案为客户所接受。

其次，建筑装饰设计师应该具备较高的艺术修养。绘画是艺术的重要表现形式，绘画能力的高低在一定程度上体现着设计师水平的高低。优秀的建筑装饰设计师应该具备较深厚的美术基本功和较高的艺术审美修养；还应该善于吸收民族传统中精髓的部分，善于深入生活，从生活中去获取创造的源泉，不断拓宽自己的创作思路，创造出具有独特艺术魅力的作品。

最后，建筑装饰设计师应该具备全面的交叉学科综合应用能力。如了解一定的经济与市场营销知识，处理好各种公共关系，掌握行业标准的变化动态、装饰材料的更新、新技术新工艺的制作技术等。

【学习目标】

1.了解人体工程学的常用尺寸；

2.能够运用人体工程学的常用尺寸进行建筑装饰设计。

【教学方法】

1.讲授、图片展示结合课堂提问和现场教学示范，通过大量的人体工程学数据，培养学生的尺度感；

2.遵循教师为主导、学生为主体的原则，采用多种教学方法的有机结合，激发学生的学习积极性，变被动学习为主动学习。

【学习要点】

1.熟练掌握人体工程学的常用尺寸；

2.能利用人体工程学的数据指导建筑装饰设计。

人体工程学所研究和应用的范围极其广泛，所涉及的各学科、各领域的专家学者都试图从自身的角度来给其命名和下定义，因而世界各国对于其命名不尽相同，包括人体测量学、工效学、人体工效学及人体工程学等。其实基本内容是一致的，即都是以人作为载体，研究人在作业、机械、人机系统、心理和环境的设计方面的应用问题，探讨人们劳动、工作效果、效能的规律性，以保证人类安全、舒适、有效地工作。在建筑装饰设计领域，设计师进行设计时，必须从每一个细节去认真考虑，以功能与生活方式为核心，对人体本身的尺寸、肢体活动和心理感受及周围物化形式的定位要给予高度的重视。可以说，人体工程学是一切建筑装饰设计展示的根本，时刻影响着设计。

任务一　整理人体工程学数据

一、人体工程学的含义与发展

人体工程学(Human Engineering)，也称人类工程学、人间工学或工效学(Ergonomics)。工效学Ergonomis原出希腊文"Ergo"，即工作、劳动和效果的意思，也可以理解为探讨人们劳动、工作效果和效能的规律性的学科。人体工程学即研究"人—机—环境"系统中人、机器和环境三大要素之间关系的学科。人体工程学可以为"人—机—环境"系统中人的最大效能的发挥，以及人的健康问题提供理论数据和实施方法。

早在公元前1世纪，奥古斯都时代的罗马建筑师维特鲁威就从建筑学的角度对人体尺度作了较为完整的论述。文艺复兴时期，达·芬奇创作了著名的人体比例图。比利时数学家Qvitler最早对此学科命名并于1870年发表了《人体测量学》一书。人体测量数据在漫长的历史里程中大量积累，但遗憾的是它未对人生活环境的设计起任何作用。1921年，日本人田中宽一提出了人类工程学的概念。1951年，麦克米发表了《人类工程学》一书，使其成为人类工程学的奠基人。第二次世界大战后，各国都把人体工程学的实践和研究成果迅速有效地运用到空间技术、工业生产、建筑及室内设计中，并于1960年创建了国际人体工程学协会。1961年，在斯德哥尔摩召开了第一届国际工效学年会，并成立了国际工效学联盟。我国在这一学科研究起步则较晚，目前处于发展阶段。1989年成立了中国人类工效学学会，下设安全与环境专业学会，1991年1月我国成为国际人类工效学协会的正式会员。

当今社会正向着后工业社会和信息社会发展，"以人为本"的思想已经渗透到社会的各个领域。人体工程学强调从人自身出发，在以人为主体的前提下研究人的衣、食、住、行以及生产、生活规律，探知人的工作能力和极限，最终使人们所从事的工作趋向于适应人体解剖学、生理学和心理学的各种特征。"人—机—环境"是一个密切联系在一起的系统，运用人体工程学主动地、高效率地支配生活环境将是未来设计领域重点研究的一项课题。

二、人体测量与建筑装饰设计

建筑装饰设计中的人体工程学主要研究两个方面的问题：一是利用人体测量资料设计建筑动态空间的可行性，并作为空间组织与设备活动的依据；二是借助运动与感觉、生理和心理的研究资料作为环境设计的可靠标准。

1.人体测量基础数据

人体测量学(anthropometry)是人类学的一个分支学科。主要是用测量和观察的方法来描述人类的体质特征状况。我们日常的工作、生活、运动和睡眠等行为千姿百态，简单概括为坐、立、仰、卧四种基本的形态，这些形态在活动过程中会涉及一定的空间尺度范围，这些空间尺度范围按照测量的方法可以分为结构尺寸和功能尺寸。在大多数的情况下，我们都处在活动状态中，因此结构尺寸应用更加广泛。

1）结构尺寸

结构尺寸也称之为静态尺寸，它是在特定的姿势下，按人体测量学的理论和数据处理方法得到的。它在一定程度上会受人体姿势变化的影响，所以在使用数据时，必须注意它适用的姿势和具体的情况。结构尺寸数据包括手臂长度、腿长度和座高等。它对于与人体有直接接触关系的物体（如家具、服装和手动工具等）有较大的设计参考价值，可以为家具设计、服装设计和工业产品设计提供参考数据。人体结构尺寸数据如图2-1～图2-3所示。

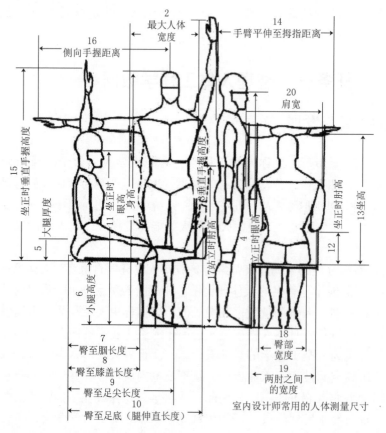

图2-1 人体结构尺寸数据图1

28

(1) 身高：指人身体直立、眼睛向前平视时从地面到头顶的垂直距离。

(2) 最大人体宽度：指人直立时身体正面的宽度。

(3) 垂直手握高度：指人站立时，手臂向上伸直能握到的高度。

(4) 立正时眼高：指人身体直立、眼睛向前平视时从地面到眼睛的垂直距离。

(5) 大腿厚度：指从座椅表面到大腿与腹部交接处的大腿端部之间的垂直高度。

(6) 小腿高度：指从地面到膝盖背面(腿弯处)的垂直距离。

(7) 臀至腘长度：指从臀部最后面到小腿背面的水平距离。

(8) 臀至膝盖长度：指从臀部最后面到膝盖骨前面的水平距离。

(9) 臀至足尖长度：指从臀部最后面到脚趾尖的水平距离。

(10) 臀至足底（腿伸直）长度：指人坐着时，在腿伸直的情况下，从臀部最后面到足底的水平距离。

(11) 坐正时眼高：指人坐着时眼睛到地面的垂直距离。

(12) 坐正时肘高：指从座椅表面到肘部尖端的垂直距离。

(13) 坐高：指人坐着时，从座椅表面到头顶的垂直距离。

(14) 手臂平伸至拇指距离：指人直立手臂向前平伸时后背到拇指的距离。

(15) 坐正时垂直手握高度：指人坐正时，从座椅到手臂向上伸直时能握到的距离。

(16) 侧向手握距离：指人直立手臂向一侧平伸时，手能握到的距离。

(17) 站立时肘高：指人直立时肘部到地面的高度。

(18) 臀部宽度：指臀部正面的宽度。

(19) 两肘之间的宽度：是两肘弯曲、前臂平伸时，两肘外则面之间的水平距离。

(20) 肩宽：指人肩部两个三角肌外侧的最大水平距离。

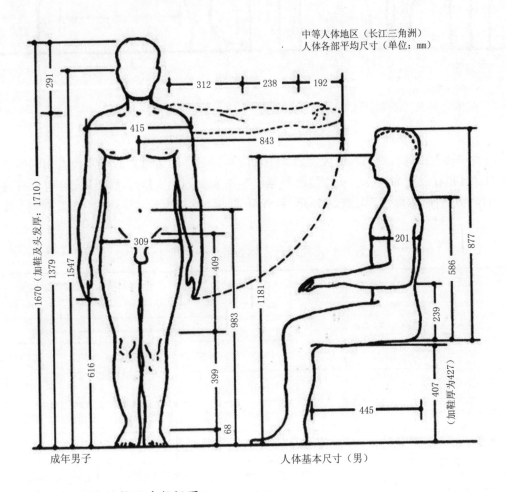

图2-2 人体结构尺寸数据图2

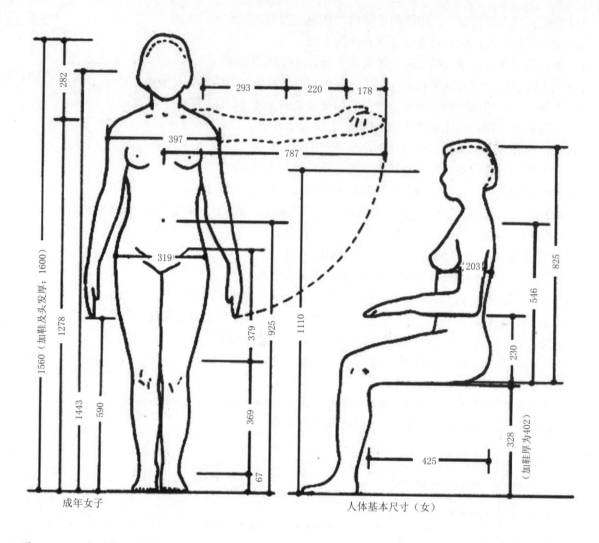

图2-3　人体结构尺寸数据图3

　　人体结构尺寸随着年龄、性别和地区差异各不相同。同时，随着时代的进步，人们的生活水平逐渐提高，人体的尺寸也在发生着变化。根据建筑科学研究院发表的《人体尺度的研究》中，有关我国人体的测量值，可作为设计时的参考。见表2-1所示（1990年数据）。

表2-1　不同地区人体各部分平均尺寸

编号	部　位	较高人体地区（冀、鲁、辽）		中等人体地区（长江三角洲）		较低人体地区（广东、四川）	
		男	女	男	女	男	女
1	身高	1690	1580	1670	1560	1630	1530
2	最大人体宽度	520	487	515	482	510	477
3	垂直手握高度	2068	1958	2048	1938	2008	1908
4	立正时眼高	1573	1474	1547	1443	1512	1420
5	大腿厚度	150	135	145	130	140	125
6	小腿高度	412	387	407	382	402	377

编号	部 位	较高人体地区（冀、鲁、辽）		中等人体地区（长江三角洲）		较低人体地区（广东、四川）	
		男	女	男	女	男	女
7	臀至腘长度	451	431	445	425	439	419
8	臀至膝盖长度	601	581	595	575	589	569
9	臀至足尖长度	801	781	795	775	789	769
10	臀至足底（腿伸直）长度	1177	1146	1171	1141	1165	1135
11	坐正时眼高	1203	1140	1181	1110	1144	1078
12	坐正时肘高	243	240	239	230	220	216
13	坐高	893	846	877	825	850	793
14	手臂平伸至拇指距离	909	853	889	833	869	813
15	坐正时垂直手握高度	1331	1375	1311	1355	1291	1335
16	侧向手握距离	884	828	864	808	844	788
17	站立时肘高	993	935	983	925	973	915
18	臀部宽度	311	321	309	319	307	317
19	两肘之间的宽度	515	482	510	477	505	472
20	肩宽	420	387	415	397	414	386

2）功能尺寸

人体功能尺寸是指动态的人体尺寸，是人在进行某种功能活动时肢体所能达到的空间范围，它是在动态的人体状态下所测得的。由于行为目的不同，人体活动状态也不同，因此测得的各功能尺寸也不同。人们在室内各种工作和生活活动范围的大小是确定室内空间尺寸的重要依据之一。以各种计测方法测定的功能尺寸，是人体工程学研究的基础数据。如果说人体结构尺寸是静态的、相对固定的数据，人体功能尺寸则为动态的，其动态尺度与活动情景状态有关。如图2-4~图2-10所示。

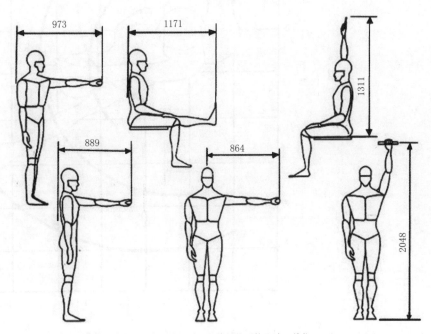

中等人体地区（长江三角洲）人体部分平均尺寸（单位：mm）

图2-4 有功能作用的人体尺寸数据图

在建筑装饰设计中最有用的十项人体构造上的尺寸分别是身高、体重、坐高、臀部至膝盖长度、臀部的宽度、膝盖高度、膝弯高度、大腿厚度、臀部至膝弯长度、肘间宽度。

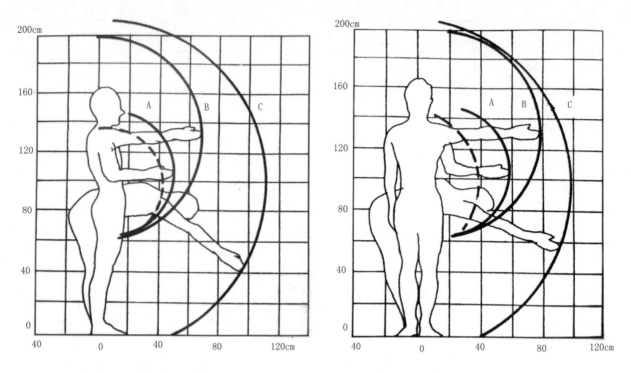

（a）向前伸臂时，上下活动范围　　　　　　　（b）侧向伸臂时，上下活动范围

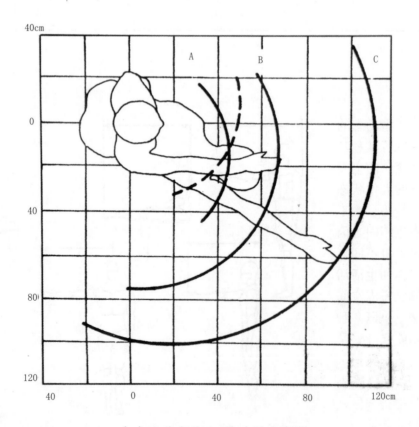

（c）上肢水平90°转动活动范围

图2-5　站立时上肢活动范围图

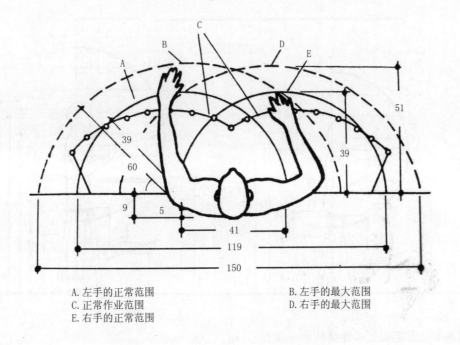

A. 左手的正常范围   B. 左手的最大范围
C. 正常作业范围   D. 右手的最大范围
E. 右手的正常范围

图2-6 手臂在水平面上正常活动的范围

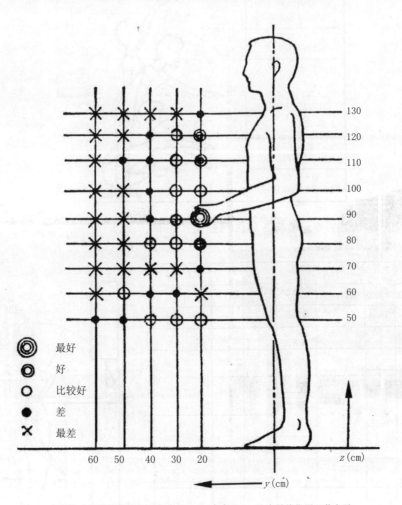

◎ 最好
◉ 好
○ 比较好
● 差
✕ 最差

本图为成年男子数据，以离地90 cm，离身20 cm处为最佳位置（若女子则应将高度（z）数减少 5 cm）

图2-7 垂直面工作操作区最佳位置选择图

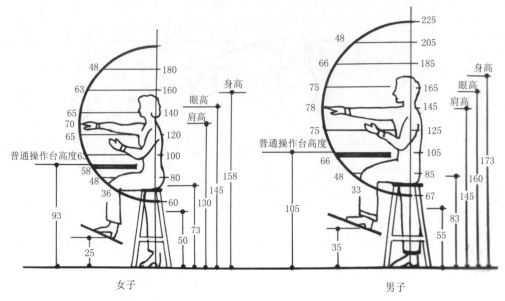

图2-8　坐姿垂直工作操作面（单位：cm）

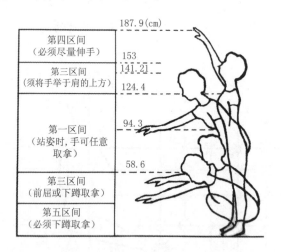

图2-9　拿物品的区间分类（单位：cm）

储　存　区　分						储存形式
被褥类	衣服类	餐具食品	书籍办公用品	欣赏品贵重品	音响类	开门、扯门，翻门只能向上
稀用品	稀用品	保存食品备用餐具	稀用品	稀用品		不适宜抽屉
旅行用品备用被褥	其他季节用品、	其他季节用品、稀用品	消耗品库存品	贵重品	稀用品	适宜开门、扯门
客用	枕头	帽子	罐头	中小型		扩音机
被褥	睡衣 被褥	上衣大衣童装裤子裙子	中小瓶类小调料筷子叉子勺子等	物品 中型常用书籍	欣赏品	电视机	适宜扯门
毯子				文具	小型欣赏品	收录机迷你音响	适宜开门、翻门
		衣服类	大瓶类饮食用具	大尺寸稀用品合订书刊	稀用品贵重品	唱片匣	适宜开门、扯门
						脚

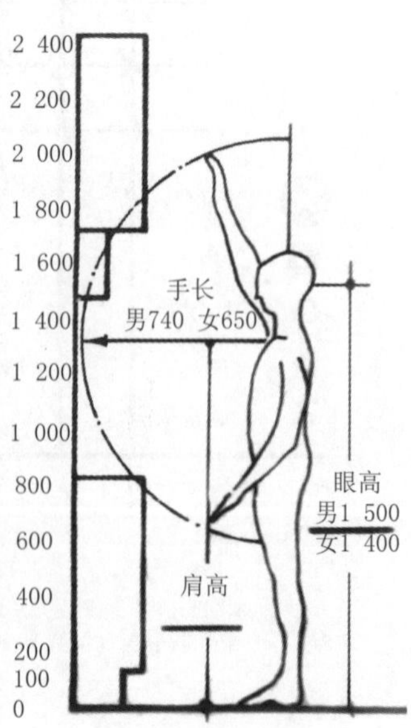

图2-10　人体与储蓄物品之间的尺度关系

运用功能尺寸进行设计时，应该考虑使用人的年龄和性别差异，例如在厨房和卫生间的设计中，首先应当考虑到老年人的要求，因为家庭用具一般不必讲究工作效率，主要是使用方便，在使用方便方面年轻人可以迁就老年人。厨房平面形状以开敞式为佳。橱柜设计时应注意操作台的连续性，以便坐轮椅者可通过在台面上滑动推移锅碗等炊具餐具而方便操作，减少危险。使用U形和L形橱柜，便于轮椅转弯，行径距离短；使用双列型橱柜时，两列间间距应保证轮椅的旋转。为了方便坐轮椅者靠近台面操作，橱柜台面下方应部分留空(如水池下部)。特别是低柜距地25～30厘米处应凹进，以便坐轮椅者脚部插入。橱柜高度应考虑老年人身高的特点，台面高度一般为75～80厘米。若考虑坐轮椅者的使用，台面不宜高于75厘米，中部柜和上部吊柜的高度分别在1.2米和1.4米为宜。如图2-11所示。

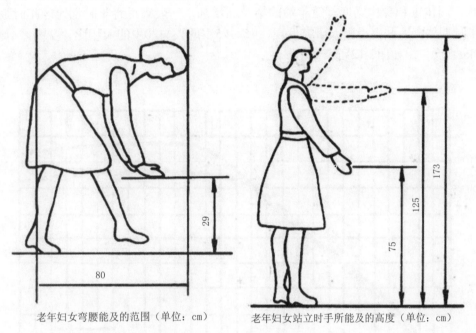

老年妇女弯腰能及的范围（单位：cm）　　　老年妇女站立时手所能及的高度（单位：cm）

图2-11　人体功能尺寸图

2.人体尺寸的差异

人体尺寸测量如仅仅是着眼于积累资料是不够的，还要进行大量的细致分析工作。由于很多复杂的因素都在影响着人体尺寸，所以个人与个人之间，群体与群体之间，在人体尺寸上存在很多差异，不了解这些就不可能合理地使用人体尺寸的数据，也就达不到预期的目的。差异的存在主要在以下几方面。

1）种族差异

不同的国家，不同的种族，因地理环境、生活习惯、遗传特质的不同，人体尺寸的差异是十分明显的，从越南人的160.5厘米到比利时人的179.9厘米，高差幅竟达19.4厘米。如表2-2所示。

表2-2　各地区人体尺寸对照表

人体尺寸（均值）	德国	法国	英国	美国	瑞士	亚洲各国（平均）
身高	172	170	171	173	169	168
坐高	90	88	85	86	—	—
站立时肘高	106	105	107	106	104	104
膝高	55	54	—	55	52	—
肩宽	45	—	46	45	44	44
臀宽	35	35	—	35	34	—

2）世代差异

子女们一般比父母长得高，这个问题在总人口的身高平均值上也可以得到证实。欧洲的居民预计每十年身高增加10～14毫米。因此，若使用三四十年前的数据会导致相应的错误。美国的军事部门每十年测量一次入伍新兵的身体尺寸，以观察身体的变化，如第二次世界大战入伍士兵的身高尺寸就超过了第一次世界大战入伍士兵。

3）年龄差异

年龄造成的差异也是非常重要的，体形随着年龄变化最为明显的时期是青少年期。人体尺寸的增长过程，女子在十八岁结束，男子在二十岁结束，男子到三十岁才最终停止生长。此后，人体尺寸随年龄的增加而缩减，而体重和身体宽度却随年龄的增长而增加。一般来说青年时期比老年时期高一些，老年时期比青年时期体宽一些。美国人研究发现，45～65岁的人与20岁的人相比，身高减4厘米，体重加6（男）～10kg（女）。如图2-12所示。

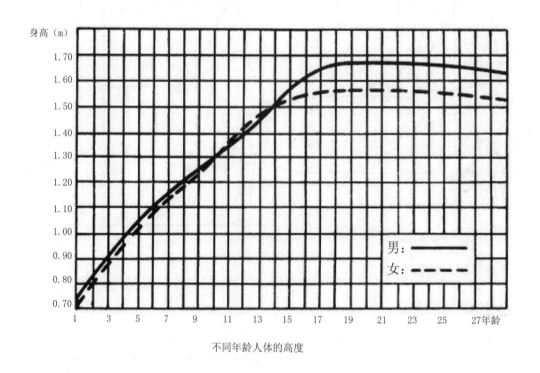

不同年龄人体的高度

图2-12　人体尺寸的年龄差异图

历来关于儿童的人体尺寸是很少的，而这些资料对于设计儿童用具、幼儿园、学校是非常重要的。考虑到安全和舒适的因素则更是如此。儿童意外伤亡与设计不当有很大的关系。例如只要头部能钻过的间隔，身体就可以过去，儿童的头部比较大，所以也是如此。按此考虑，栏杆的间距应必须阻止儿童头部的钻过，以5岁幼儿头部的最小尺寸为例，它约为14厘米，如果以它为平均值，为了使大部分儿童的头部不能钻过，最多不超过11厘米。如图2-13所示。

老年人的尺寸数据也应当重视。由于人类社会生活条件的改善，人的寿命增加，现在世界上进入人口老龄化的国家越来越多。如美国的65岁以上的人口有2 000万，接近总人口的十分之一，而且每年都在增加；中国也在逐步迈入老龄化社会。因此，设计中涉及老年人的各种问题不能不引起我们的重视，尤其是以下两个问题：

① 无论男女，上年纪后身高均比年轻时矮；

② 老年人伸手够东西的能力不如年轻人。

4）性别差异

36

图2-13　栏杆的间距

　　3～10岁这一年龄阶段男女的差别极小，同一数值对两性均适用，两性身体尺寸的明显差别从10岁开始。一般女性的身高比男性低10厘米左右，但女性与身高相同的男性相比，身体比例是不同的，女性臀部较宽，肩窄，躯干较长，四肢较短。在设计中应特别注意这种差别，如在腿的长度起作用的地方，考虑妇女的尺寸非常重要。

　　5）其他差异

　　(1) 地域性的差异、如寒冷地区的人的平均身高高于热带地区的人；平原地区的人的平均身高高于山区的人。

　　(2) 职业差异、如篮球运动员比普通人要高许多。

　　(3) 社会差异、社会的发达程度也是一种重要的差别，发达程度高、营养好，平均身高就高。

　　6）残疾人

　　在各个国家里，残疾人都占一定比例，全世界的残疾人约有四亿。残疾人可以分为以下两类。

　　(1) 乘轮椅患者。

　　目前没有大范围乘轮椅患者的人体测量数据。进行这方面的研究工作是很困难的，因为患者的类型不同，有四肢瘫痪或部分肢体瘫痪；程度也不一样，如肌肉机能障碍程度和由于乘轮椅对四肢的活动带来的影响等。在设计中要充分考虑残疾人的需要，体现人文关怀。首先应对轮椅的基本尺寸进行了解。如图2-14所示。其次，应对乘坐轮椅时人的活动范围进行了解。如图2-15所示。

　　(2) 能走动的残疾人。

　　对于能走动的残疾人，必须考虑他们的辅助工具如拐杖、手杖和助步车等的设计，以人体测量数据为依据，力求使这些工具能安全、舒适。

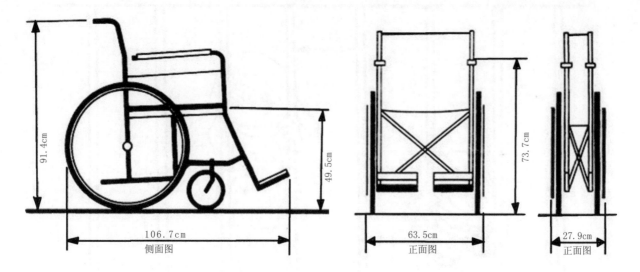

图2-14 轮椅的基本尺寸

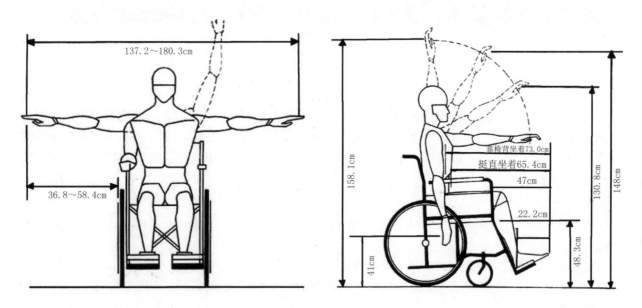

图2-15 乘坐轮椅时人的活动尺寸

1.什么叫人体工程学？

2.人体的功能尺寸与室内设计的关系是什么？

任务二 运用人体工程学数据进行建筑装饰设计

【学习目标】

1.了解人体工程学在建筑装饰设计中的作用；

2.了解环境心理学知识；

3.能够运用人体工程学数据进行建筑装饰设计。

【教学方法】

1.讲授、图片展示结合课堂提问和现场教学示范，通过大量的人体工程学数据，培养学生的尺度感，并指导学生进行相关的建筑装饰设计；

2.遵循教师为主导、学生为主体的原则，采用多种教学方法的有机结合，激发学生的学习积极性，变被动学习为主动学习。

【学习要点】

1.熟练掌握人体工程学的常用尺寸；

2.能够运用人体工程学的数据指导建筑装饰设计。

一、 人体工程学在建筑装饰设计中的作用

人体工程学在建筑装饰设计中主要有以下几方面作用。

1.为确定空间范围提供依据

根据人体工程学中的相关计测数据，从人的尺度、动作域和心理空间等方面，为确定空间范围提供依据。

2.为家具设计提供依据

家具设施为人所使用，因此它们的形体、尺度必须以人体尺度为标准。同时，人们为了使用这些家具和设施，其周围必须留有活动和使用的最小空间，这些设计要求都可以通过人体工程学来解决。

3.提供适应人体的室内物理环境的最佳参数

建筑室内外物理环境主要包括热环境、声环境、光环境、重力环境和辐射环境等。建筑室内外物理环境参数有助于设计师作出合理的、正确的设计方案。

4.为确定感觉器官的适应能力提供依据

通过对视觉、听觉、嗅觉、味觉和触觉的研究，为空间照明设计、色彩设计、视觉最佳区域等提供科学的依据。

二、 环境心理学

环境心理学是研究物质环境如何影响人类行为，以及如何创造最有利于人类生活的环境的学科，又称人类生态学或生态心理学。环境心理学虽然也包括社会环境，但主要是指物理环境，包括噪声、拥挤、空气质量、温度、个人空间等。环境心理学非常重视生活于人工环境中人的心理倾向，把选择环境

与创建环境相结合，着重研究下列问题：

①环境和行为的关系；

②怎样进行环境的认知；

③环境和空间的利用；

④怎样感知和评价环境；

⑤在已有环境中人的行为和感觉。

对建筑装饰设计来说，上述各项问题的基本点即如何组织空间，设计好界面、色彩和光照，处理好建筑室内外环境，使之更符合人们的生活要求。

三、人体工程学在建筑装饰设计中的运用

1.建筑室内空间中沙发的尺寸运用

根据人体工程学的测量数据，建筑室内空间中单座沙发的尺寸为760 mm×760 mm，双人座沙发的尺寸为760 mm×1 570 mm，三人座沙发长度为760 mm×2 280 mm。很多人喜欢进口沙发，这种沙发的尺寸一般是900 mm×900 mm。沙发座位的高度约为400 mm，座位深530 mm左右，沙发的扶手一般高560 mm～600 mm。所以，如果沙发无扶手，而用角几和边几的话，角几和边几的高度也应为600 mm高。

沙发宜软硬适中，太硬或太软的沙发都会使人腰酸背痛。茶几的尺寸一般是1 070 mm×600 mm，高度是400 mm。中大型单位的茶几，有时会用1 200 mm×1 200 mm，这时，其高度会降低至250～300 mm。茶几与沙发的距离为350 mm左右。如图2-16～图2-18所示。

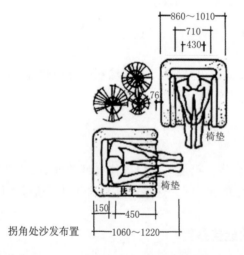

拐角处沙发布置

图2-16 单人沙发尺寸

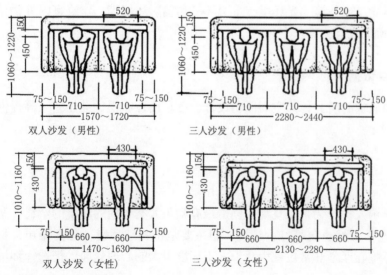

双人沙发（男性）

三人沙发（男性）

双人沙发（女性）

三人沙发（女性）

图2-17 双人和三人沙发尺寸

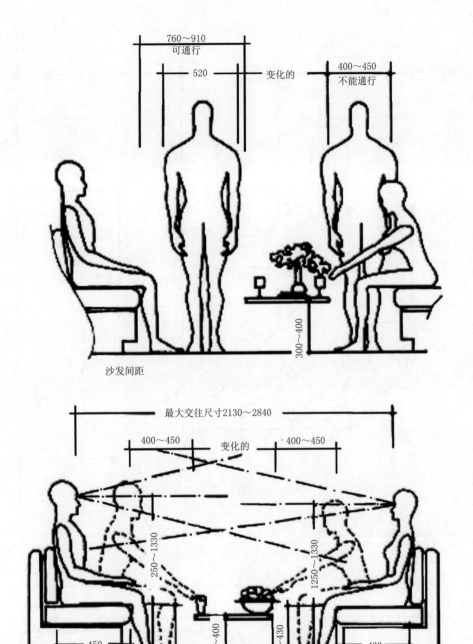

760～910
可通行
520
变化的
400～450
不能通行

300～400

沙发间距

最大交往尺寸2130～2840

400～450
变化的
400～450

250～1330
1250～1330

450
300～400
350～430
430

沙发间距（单位：mm）

图2-18 沙发间距尺寸图

2.建筑室内空间中餐桌的尺寸运用

1）餐桌的尺寸

正方形餐桌常用尺寸为760 mm×760 mm，长方形餐桌常用尺寸为1 070 mm×760 mm。760 mm的餐桌宽度是标准尺寸，至少也不能小于700 mm，否则对坐时会因餐桌太窄而互相碰脚。餐桌高度一般为710 mm，配415 mm高度的坐椅。圆形餐桌常用的尺寸为直径900 mm、1 200 mm和1 500 mm，分别坐4人、6人和10人。

2）餐椅的尺寸

餐椅座位高度一般为410 mm左右，靠背高度一般为400～500 mm，较平直，有2°～3°的外倾，坐垫约厚20 mm。如图2-19和图2-20所示。

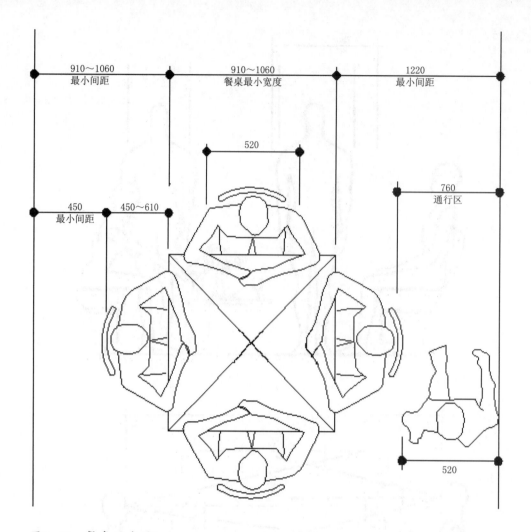

图2-19　餐桌尺寸图1

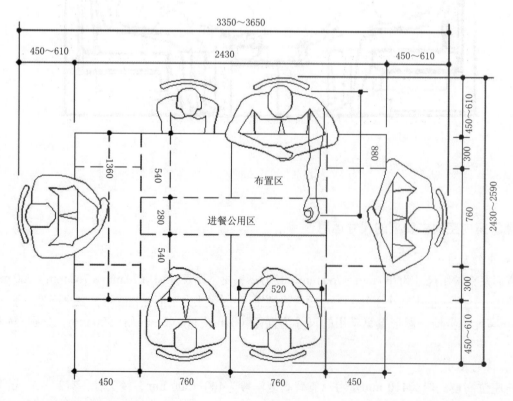

图2-20　餐桌尺寸图2

3.建筑室内空间中床的尺寸运用

床的长度是人的身高加220 mm枕头位,约为2 000 mm。床的宽度有900 mm、1 350 mm、1 500 mm、1 800 mm和2 000 mm等。床的高度,以被褥面来计算,常用460 mm,最高不超过500 mm,否则坐时会吊脚,很不舒服。被褥的厚度50～180 mm,为了保持褥面高度460 mm,应先决定用多高的被褥,再决定床架的高度。床底如设置贮物柜,则应缩入100 mm。床头屏可做成倾斜效果,倾斜度为15°～20°,这样使用时较舒服。床头柜与床褥面同高,过高会撞头,过低则放物不便。床的尺寸如图2-21所示。

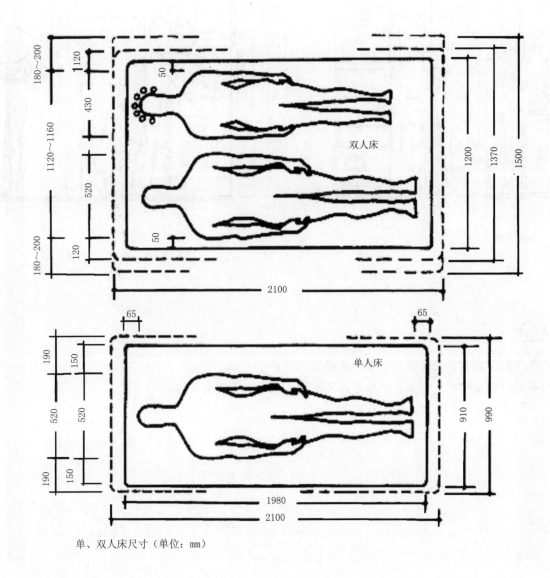

单、双人床尺寸(单位:mm)

图2-21 床的尺寸图

4.建筑室内空间中橱柜的尺寸运用

橱柜的设计应以家庭主妇的身体条件为标准。橱柜分为低柜和吊柜,低柜工作台的高度应以家庭主妇站立时手指能触及水盆底部为准。过高会令肩膀疲劳,过低则会腰酸背痛,常用的低柜高度尺寸是810～840 mm,工作台面宽度不小于460 mm。现在,有的橱柜可以通过调整脚座来使工作台面达到适宜的尺度。低柜工作台面到吊柜底的高度是600 mm,最低不小于500 mm。油烟机的高度应使炉面到机底的距离为750 mm左右。冰箱如果是在后面散热的,两旁要各留50 mm,顶部要留250 mm,否则散热慢,将会影响冰箱的功能。吊柜深度为300～350 mm，高度为500～600 mm，应保证站立时举手可开柜门。橱柜脚最易渗水，可将橱柜吊离地面150 mm。如图2-22所示。

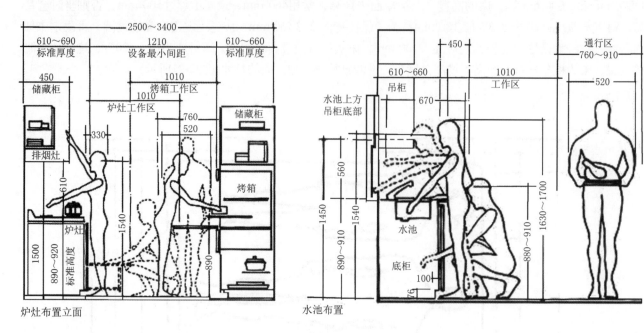

炉灶布置立面

水池布置

图2-22　橱柜尺寸

1.人体工程学在建筑装饰设计中主要有哪些作用？

2.请测量你宿舍中床、书桌、衣柜等的尺寸，并记录下来做成数据汇总整理。

【学习目标】

1.了解建筑室内空间设计的概念和内容；

2.了解建筑室内空间的类型；

3.能够对建筑室内空间进行分类；

4.掌握建筑室内空间造型设计技巧。

【教学方法】

1.讲授、图片展示结合课堂提问和案例分析，通过大量的建筑室内空间设计图片展示和案例分析，培养学生的空间想象能力、空间思维能力和空间设计创造能力；

2.遵循教师为主导、学生为主体的原则，采用多种教学方法的有机结合，激发学生的学习积极性，变被动学习为主动学习。

【学习要点】

1.充分了解建筑室内空间的类型；

2.熟练掌握建筑室内空间造型设计技巧，并能应用于建筑装饰设计。

任务一 了解建筑室内空间设计的概念和类型

一、建筑室内空间设计的概念

建筑室内空间是相对于建筑室外空间而言的，是人类在漫长的劳动改造中不断完善和创造的建筑内部空间环境形式。建筑室内空间设计就是对建筑内部空间环境进行合理的规划和再创造。

二、建筑室内空间功能

建筑室内空间的功能包括物质功能和精神功能两方面。建筑室内空间的物质功能表现为对室内交通、通风、采光、隔声和隔热等物理环境需求的设计，以及对空间的面积、大小、形状、家具布置等使用要求的设计。建筑室内空间的精神功能表现为室内空间的审美理想，包括对文化心理、民族风俗、风格特征、个人喜好等精神功能需求的设计，使人获得精神上的满足和享受。

对于建筑室内空间的审美，不同的人有着不同的要求，设计师要根据不同的群体合理的规划，在满足业主要求的基础上，积极引导业主提高对空间美感的理解，努力创造尽善尽美的室内空间形式。建筑室内空间的美感主要体现在形式美和意境美两个方面。空间的形式美主要表现在空间构图上，如统一与变化、对比与协调、韵律与节奏、比例与尺度等。空间的意境美主要表现在空间的性格和个性上，强调空间范围内的环境因素与环境整体保持时间和空间的连续性，建立和谐的对话关系。

三、建筑室内空间设计的基本内容

建筑室内空间设计主要包含两个方面的内容。

1.空间的组织、调整和再创造

空间的组织、调整和再创造是指根据不同建筑室内空间的功能需求对建筑室内空间进行的区域划分、重组和结构调整。其目的是使室内空间的功能分区更加合理，交通流线组织更加顺畅，采光和通风更加充分。建筑室内空间设计的根本任务就是对室内空间的完善和再创造，并使之更适宜于人的居住和使用，更具美学效果。

2.空间界面的设计

空间的界面是指围合空间的地面、墙面和顶面。空间界面的设计就是要根据界面的使用功能和美学要求对界面进行艺术化的处理，包括运用材料、色彩、造型和照明等技术与艺术手段，达到功能与美学效果的完美统一。

空间界面设计的原则主要有以下几个方面。

(1) 适应室内使用空间的功能性质。对于不同功能性质的室内空间，需要由相应类别的界面装饰材料来烘托室内的环境氛围。例如，文教、办公建筑需要营造宁静、严肃的气氛；休闲、娱乐场所需要营造轻松、愉悦的气氛。这些气氛的塑造，与界面材料的色彩、质地、光泽、纹理等密切相关。

(2) 适应建筑装饰的相应部位。不同的建筑部位，相应地对空间界面的材料性能、观感等要求也各有不同。例如,建筑外观装饰材料应具有较好的耐风化、抗腐蚀性能；室内踢脚部位应选用强度高、易于清洁的装饰材料，且色彩应该略重于墙面的颜色，使之看上去更具稳定感。

(3) 符合时代的发展需要。随着人们审美水平的不断提高，对建筑室内空间界面的美学要求也越来越高。室内空间界面的处理已经不是单纯的功能性包装，更多地涉及文化内涵、品牌形象和氛围营造。这就要求设计师必须具备超前的设计理念，创造出独特的、极具个性色彩的空间界面，这样才能顺应时代的发展，推动建筑装饰产业不断进步。

建筑室内空间界面的设计如图3-1～图3-3所示。

图3-1　室内天花处理

图3-2 室内墙面处理

图3-3 室内地面处理

四、建筑室内空间的类型

建筑室内空间的类型是根据建筑空间的内在和外在特征来进行区分的，整体上可以划分为内部空间和外部空间两大类，具体来讲可以划分为以下几个类型。

1.开敞空间与封闭空间

开敞空间是一种建筑内部与外部联系较紧密的空间类型。其主要特点是墙体面积少，采用大开洞和大玻璃门窗的形式，强调空间环境的交流，室内与室外景观相互渗透，讲究对景和借景。在空间性格上，开敞空间是外向型的，限制性与私密性较小，收纳性与开放性较强。

封闭空间是一种建筑内部与外部联系较少的空间类型。在空间性格上，封闭空间是内向型的，体现出静止、凝滞的效果，具有领域感和安全感，私密性较强，有利于隔绝外来的各种干扰。为防止封闭空间的单调感和沉闷感，室内可以采用设置镜面增强反射效果、灯光造型设计和人造景窗等手法来处理空间界面。如图3-4所示。

图3-4　开敞空间

2.静态空间和动态空间

静态空间是一种空间形式非常稳定、静止的空间类型。其主要特点是空间较封闭，限定度较高，私密性较强，构成比较单一，多采用对称、均衡和协调等表现形式，色彩素雅，造型简洁。如图3-5所示。

图3-5　静态空间

　　动态空间是一种空间形式非常活泼、灵动的空间类型。其主要特点是空间呈现出多变性和多样性，动感较强，有节奏感和韵律感，空间形式较开放。多采用曲线和曲面等表现形式，色彩明亮、艳丽。营造动态空间可以通过以下几种手法：

　　①利用自然景观，如喷泉、瀑布和流水等；

　　②利用各种物质技术手段，如旋转楼梯、自动扶梯和升降平台等；

　　③利用动感较强、光怪陆离的灯光；

　　④利用生动的背景音乐；

　　⑤利用文字的联想。

　　如图3-6和图3-7所示。

图3-6　动态空间1

图3-7 动态空间2

3.虚拟空间

虚拟空间是一种无明显界面，但又有一定限定范围的空间类型。它是在已经界定的空间内，通过界面的局部变化而再次限定的空间形式，即将一个大空间分隔成许多小空间。其主要特点是空间界定性不强，可以满足一个空间内的多种功能需求，并创造出某种虚拟的空间效果。虚拟空间多采用列柱隔断，水体分隔，家具、陈设和绿化隔断以及色彩、材质分隔等形式对空间进行界定和再划分。如图3-8所示。

图3-8　虚拟空间

4.下沉式空间与地台空间

下沉式空间是一种领域感、层次感和围护感较强的空间类型。它是将室内地面局部下沉，在统一的空间内产生一个界限明确，富有层次变化的独立空间。其主要特点是空间界定性较强，有一定的围护效果，给人以安全感，中心突出，主次分明。地台空间是将室内地面局部抬高，使其与周围空间相比变得醒目与突出的一种空间类型。其主要特点是方位感较强，有升腾、崇高的感觉，层次丰富，中心突出，主次分明。如图3-9和图3-10所示。

图3-9　下沉和地台空间1

图3-10　下沉和地台空间2

5.凹入空间与外凸空间

凹入空间是指将室内墙面局部凹入，形成墙面进深层次的一种空间类型。其主要特点是私密性和领域感较强，有一定的围护效果，可以极大地丰富墙面装饰效果。其中，凹入式壁龛是室内界面设计中用于处理墙面效果常见的设计手法，它使墙面的层次更加丰富，视觉中心更加明确。此外，在室内天花的处理上也常用凹入式手法来丰富空间层次。

外凸空间是指将室内墙面的局部凸出，形成墙面进深层次的一种空间类型。其主要特点是外凸部分视野较开阔，领域感强。现代居室设计中常见的飘窗就是外凸空间的一种，它使室内与室外景观更好地融合在一起，采光也更加充足。如图3-11所示。

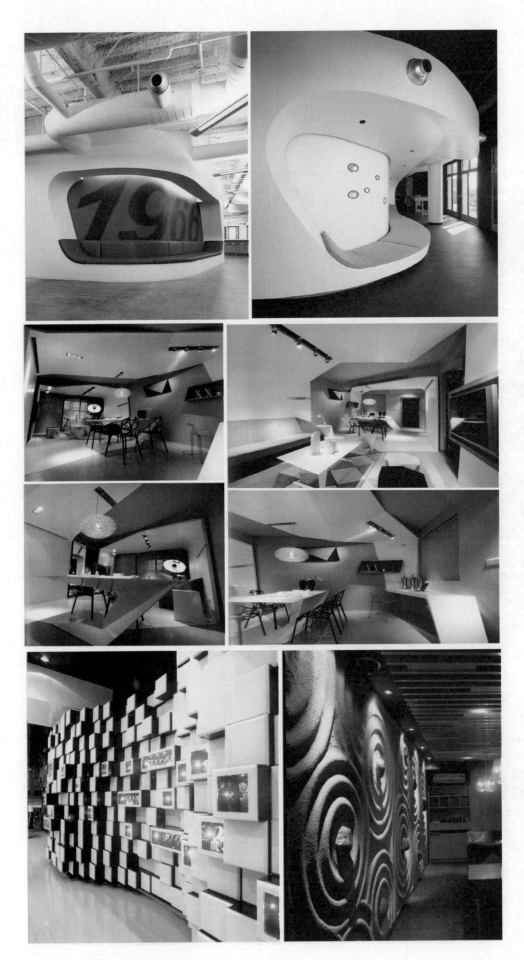

图3-11　凹入空间与外凸空间

6.结构空间和交错空间

结构空间是一种通过对建筑构件进行暴露来表现结构美感的空间类型。其主要特点是现代感、科技感较强,整体空间效果较质朴。

交错空间是一种具有流动效果、相互渗透、穿插交错的空间类型。其主要特点是空间层次变化较大,节奏感和韵律感较强,有活力,有趣味。如图3-12和图3-13所示。

图3-12　结构空间

图3-13　交错空间

7.共享空间

共享空间由建筑师波特曼首创，在世界上享有极高的盛誉。共享空间是将多种空间体系融合在一起，在空间形式的处理上采用大中有小，小中有大，内外镶嵌，相互穿插的手法，形成层次分明、丰富多彩的空间环境。如图3-14所示。

图3-14　共享空间

1.什么是开敞空间？

2.营造动态空间有哪几种手法？

3.什么是虚拟空间？

任务二　掌握建筑室内空间造型设计的方法和技巧

【学习目标】

1.了解建筑室内空间造型设计的方法和技巧；

2.能运用空间造型设计的方法进行建筑装饰设计。

【教学方法】

1.讲授、图片展示结合课堂提问和案例分析，通过大量的建筑室内空间造型设计图片展示和案例分析，培养学生的设计创造能力；

2.遵循教师为主导、学生为主体的原则，采用多种教学方法的有机结合，激发学生的学习积极性，变被动学习为主动学习。

【学习要点】

1.了解建筑室内空间中不同面的设计技巧；

2.能进行建筑室内空间造型创作。

在建筑室内空间设计中，空间的效果由各种要素组成，这些要素包括色彩、照明、造型、图案和材质等。造型是其中最重要的一个环节，造型由点、线、面三个基本要素构成。

1.点

点在概念上是指只有位置而没有大小，没有长、宽、高和方向性，静态的形，空间中较小的形都可以称为点。点在空间设计中有非常突出的作用，单独的点具有强烈的聚焦作用，可以成为室内的中心；对称排列的点给人以均衡感；连续的、重复的点给人以节奏感和韵律感；不规则排列的点，给人以方向感和方位感。

点在空间中无处不在，一盏灯、一盘花或一张沙发，都可以看作是一个点。点既可以是一件工艺品，宁静地摆放在室内；也可以是闪烁的烛光，给室内带来韵律和动感。点可以增加空间层次，活跃室内气氛。如图3-15和图3-16所示。

图3-15　点在空间中的应用1

图3-16　点在空间中的应用2

2.线

线是点移动的轨迹，点连接形成线。线具有生长性、运动性和方向性。线有长短、宽窄和直曲之分，在室内空间环境中，凡长度方向较宽度方向大得多的构件都可以被视为线，如室内的梁、柱、管道等。常见的线的分类如下。

1）直线

直线具有男性的特征，刚直挺拔，力度感较强。直线分为水平线、垂直线和斜线。水平线使人觉得宁静和轻松，给人以稳定、舒缓、安静、平和的感觉，可以使空间更加开阔，在层高偏高的空间中通过水平线可以造成空间降低的感觉；垂直线能表现一种与重力相均衡的状态，给人以向上、崇高和坚韧的感觉，使空间的伸展感增强，在低矮的空间中使用垂直线，可以造成空间增高的感觉；斜线具有较强的方向性和强烈的动感特征，使空间产生速度感和上升感。如图3-17所示。

图3-17　直线在空间中的应用

2）曲线

　　曲线具有女性的特征，表现出一种由侧向力引起的弯曲运动感，显得柔软丰满、轻松幽雅。曲线分为几何曲线和自由曲线，几何曲线包括圆、椭圆和抛物线等规则型曲线，具有均衡、秩序和规整的特点；自由曲线是一种不规则的曲线，包括波浪线、螺旋线和水纹线等，它富于变化和动感，具有自由、随意和优美的特点。在室内空间设计中，经常运用曲线来体现轻松、自由的空间效果。如图3-18和图3-19所示。

图3-18　曲线在空间中的应用1

图3-19　曲线在空间中的应用2

3.面

线的并列形成面，面可以看成是由一条线移动展开而成的，直线展开形成平面，曲线展开形成曲面。面可以分为规则的面和不规则的面，规则的面包括对称的面、重复的面和渐变的面等，具有和谐、规整和秩序的特点；不规则的面包括对比的面、自由性的面和偶然性的面等，具有变化、生动和趣味的特点。面的设计手法主要有以下几种。

1）表现层次变化的面

即运用凹凸变化、深浅变化和色彩变化等处理手法形成的面。这种面具有丰富的层次感和体积感。如图3-20所示。

图3-20 表现层次变化的面

2）表现质感的面

即通过表现材料肌理质感变化而形成的面。这种面具有粗犷、自然的美感。如图3-21所示。

图3-21 表现质感的面

3）仿生的面

即模仿自然界动、植物形态设计而成的面。这种面给人以自然、朴素和纯净的感觉。如图3-22
和图3-23所示。

图3-22　仿生的面1

图3-23　仿生的面2

深圳胡椒汉火锅
餐厅设计

4）表现光影的面

　　即运用光影变化效果来设计的面，又称"光雕"的面。这种面可以根据时间的推移产生不同的视觉效果，给人以虚幻、灵动的感觉，使面的感觉更加丰富，层次感和立体感强烈。如图3-24所示。

图3-24 表现光影的面

5）同构的面

同构即同一种形象经过夸张、变形，应用于另一种场合的设计手法。同构的面给人以新奇、戏谑的效果。如图3-25所示。

图3-25 同构的面

6）渗透的面

即运用半通透的处理手法形成的面。这种面给人以顺畅、延续的感觉。如图3-26所示。

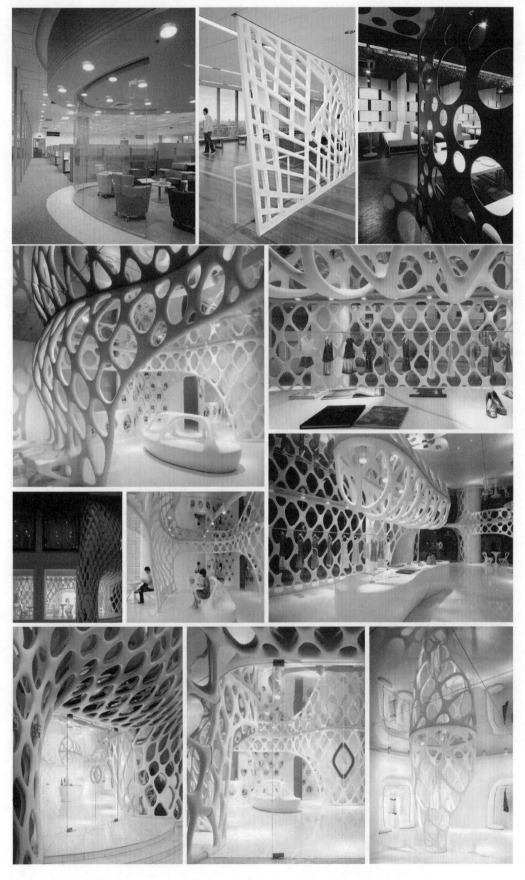

图3-26　渗透的面

7）趣味性的面

即利用带有娱乐性和趣味性的图案设计而成的面。这种面给人以轻松、愉快的感觉。如图3-27所示。

图3-27　趣味性的面

8）表现节奏和韵律的面

即利用有规律的、连续变化的形式设计的面。这种面给人以活泼、愉悦的感觉。如图3-28所示。

图3-28　表现节奏和韵律的面

综上所述，空间是由诸多元素构成的，其中点、线、面是组成空间的基本元素，它们之间的相互联结、相互渗透才能构成和谐美观的空间形式。

1.点在空间中的作用是什么？

2.曲线在设计中的作用是什么？

3.面的设计手法有哪些？

【学习目标】

1.了解色彩在建筑装饰设计中的作用；

2.掌握建筑装饰色彩设计的方法和技巧；

3.了解光的类型和建筑空间照明的方式；

4.掌握建筑装饰照明设计的方法和技巧。

【教学方法】

1.讲授、图片展示结合课堂提问和现场教学示范，通过大量的设计案例、图片和影像资料，培养学生的色彩感觉和对光线的敏锐感；

2.遵循教师为主导、学生为主体的原则，采用多种教学方法的有机结合，激发学生的学习积极性，变被动学习为主动学习。

【学习要点】

1.色彩在建筑装饰空间设计中的应用技巧；

2.照明在建筑装饰空间设计中的应用技巧。

光是产生色彩的首要条件，没有光，就没有色彩，色彩是光刺激眼睛再传到大脑的视觉中枢产生的感觉。不同的光源可以产生不同的色彩。同样的光源下，不同的物体都会显示不同的色彩，而感受这些色彩需要通过我们正常的视知觉。所以，光源、物体以及正常的视知觉是产生色彩的必要条件。

任务一 掌握建筑装饰色彩设计的方法和技巧

一、色彩在建筑装饰设计中的作用

色彩在建筑装饰设计中具有相当重要的作用。与形状相比，色彩更能引起人的视觉反映，而且还直接影响着人们的心理和情绪。色彩能改变建筑空间环境气氛，影响其他视知觉的印象。有经验的设计师都十分重视色彩对人的物理、生理和心理的作用，以及色彩能唤起人的联想和情感的效果，以期在设计中创造出富有性格、层次和美感的空间环境。

二、色彩的三要素

色彩是可见光刺激人的眼睛时所产生的红、橙、黄、绿、青、蓝、紫，以及黑、白、灰、金、银的感觉。任何颜色均由三种要素构成，这就是色相、明度和纯度。色相是指色彩的相貌，是色彩之间相互区别的名称，如红色相、黄色相、绿色相等。明度是指色彩的明暗程度，明度越高，色彩越亮；明度越低，色彩越暗。纯度是指色彩的艳灰程度或饱和程度，也称饱和度。饱和度越高，色彩越艳；饱和度越低，色彩越灰。色彩的色相、饱和度和明度调节示意图如图4-1所示。

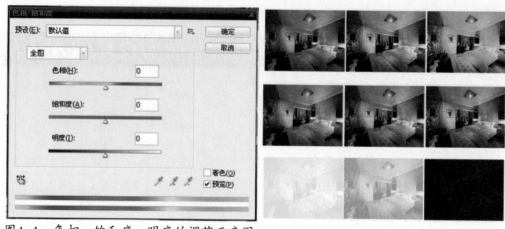

图4-1　色相、饱和度、明度的调节示意图

　　色彩分无彩色和有彩色两大类。黑、白、灰为无彩色，除此之外的任何色彩都为有彩色。其中红、黄、蓝是最基本的颜色，被称为三原色。三原色是其他色彩所调配不出来的，而其他色彩则可以由三原色按一定比例调配出来。如红色加黄色可以调配出橙色，红色加蓝色可以调配出紫色，蓝色加黄色可以调配出绿色等。有彩色色谱如图4-2所示。

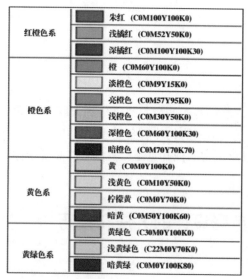

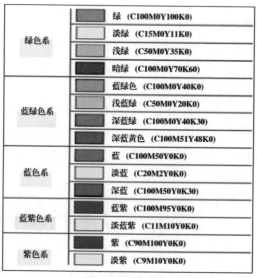

红橙色系		朱红　(C0M100Y100K0)
		浅橘红　(C0M52Y50K0)
		深橘红　(C0M100Y100K30)
橙色系		橙　(C0M60Y100K0)
		淡橙色　(C0M9Y15K0)
		亮橙色　(C0M57Y95K0)
		浅橙色　(C0M30Y50K0)
		深橙色　(C0M60Y100K30)
		暗橙色　(C0M70Y70K70)
黄色系		黄　(C0M0Y100K0)
		浅黄色　(C0M10Y50K0)
		柠檬黄　(C0M0Y70K0)
		暗黄　(C0M50Y100K60)
黄绿色系		黄绿色　(C30M0Y100K0)
		浅黄绿色　(C22M0Y70K0)
		暗黄绿　(C0M0Y100K80)

绿色系		绿　(C100M0Y100K0)
		淡绿　(C15M0Y11K0)
		浅绿　(C50M0Y35K0)
		暗绿　(C100M0Y70K60)
蓝绿色系		蓝绿色　(C100M0Y40K0)
		浅蓝绿　(C50M0Y20K0)
		深蓝绿　(C100M0Y40K30)
		深蓝黄色　(C100M51Y48K0)
蓝色系		蓝　(C100M50Y0K0)
		淡蓝　(C20M2Y0K0)
		深蓝　(C100M50Y0K30)
蓝紫色系		蓝紫　(C100M95Y0K0)
		淡蓝紫　(C11M10Y0K0)
紫色系		紫　(C90M100Y0K0)
		淡紫　(C9M10Y0K0)

图4-2　有彩色色谱图

三、色彩的视觉感受

1.冷暖感

从冷暖感的角度把色彩分为冷色和暖色。

冷色包括蓝色、蓝紫色、蓝绿色等，使人产生凉爽、寒冷、深远、幽静的感觉。

暖色包括红色、黄色、橙色、紫红色、黄绿色等，使人产生温暖、热情、积极、喜悦的感觉。

2.轻重感

从轻重感的角度把色彩分为轻色和重色。

色彩的轻重主要取决于明度。明度高，色彩感觉轻；明度低，色彩感觉重。其次，取决于色相。暖色感觉轻，冷色感觉重。最后，取决于纯度。纯度高，色彩感觉轻；纯度低，色彩感觉重。

3.体量感

从体量感的角度把色彩分为膨胀色和收缩色。

色彩的体量感，主要取决于明度。明度高，色彩膨胀；明度低，色彩收缩。其次，取决于纯度。纯度高，色彩膨胀；纯度低，色彩收缩。最后，取决于色相。暖色膨胀，冷色收缩。

4.距离感

从距离感的角度把色彩分为前进色和后退色。

色彩的距离感主要取决于纯度。纯度高，色彩前进；纯度低，色彩后退。其次，取决于明度。明度高，色彩前进；明度低，色彩后退。最后，取决于色相。暖色前进，冷色后退。

5.软硬感

从软硬感的角度把色彩分为软色和硬色。

色彩的软硬感主要取决于明度。明度高，色彩感觉柔软；明度低，色彩感觉坚硬。其次，取决于色相。暖色感觉柔软，冷色感觉坚硬。最后，取决于纯度。纯度高，色彩感觉柔软；纯度低，色彩感觉坚硬。

6.动静感

从动静感的角度把色彩分为动感色和宁静色。

色彩的动静感主要取决于纯度。纯度高，色彩的动感强；纯度低，色彩的宁静感强。其次，取决于色相。暖色动感强，冷色宁静感强。最后，取决于明度，明度高动感强，明度低宁静感强。

四、色彩的对比与调和

1.色彩的对比

所谓色彩的对比，是指两种或以上的色彩放在一起有明显的差别。色彩的对比可以使色彩产生相互突出的关系，使色彩主次分明，虚实得当。色彩对比分为色相对比，明度对比和纯度对比。色相对比主要指色彩冷暖色的互补关系，如红与绿、黄与紫、蓝与橙。明度对比主要指色彩的明度差别，即深浅对比。纯度对比主要指色彩的饱和度差别，即鲜灰对比。色彩的对比如图4-3～图4-5所示。

图4-3　色相对比

图4-4　纯度对比

图4-5　明度对比

2.色彩的调和

　　所谓色彩的调和，是指两种或以上之色彩放在一起无明显差别。色彩的调和可以使色彩相互融合，和谐统一。色调调和可以分为主色调调和、色彩连续性调和和色彩平衡调和。在色彩设计中以某种颜色为建筑空间的主导颜色，以构成色彩环境的基调，这种颜色就是主色调。主色调由界面色、灯光色和物体表面色组成。在色彩设计中，常选用含有同类色素的色彩来配置空间色彩，以营造建筑空间的温馨、浪漫的气氛。色彩连续性调和是利用过渡色使色彩与色彩之间保持一种有机的内在联系，相互呼应，避免色彩间的孤立情况，使建筑空间色彩环境富有节奏和层次感。色彩平衡是视觉上和心理上的平衡。此外，在色彩的调和中还可以使用加强同色素、采用黑白灰间隔等手法，使建筑空间色彩环境具有较好的调和效果。色彩的调和如图4-6所示。

图4-6 色彩调和

五、色彩性格表现及其影响

　　色彩在建筑装饰设计中起着改变和创造空间格调的作用，可以给人带来视觉上的差异和艺术上的享受。人进入某个空间最初几秒内得到的印象75%是对色彩的感觉，然后才会去理解形体和造型。建筑装饰设计中的色彩设计要遵循一些基本的原则，这些原则可以使色彩更好地服务于整体的空间设计，从而实现最好的空间效果和空间意境。

　　首先，色彩设计应该充分考虑使用场所和使用对象的差异，如娱乐空间的色彩设计，应使用纯度较高、刺激性较强的色彩，营造出动感、活跃的空间氛围；而私密空间的色彩设计，应使用纯度较低，素雅、宁静的色彩，营造出静谧、优雅的空间氛围。在使用对象上，年龄较大的人喜欢稳重、朴素的色彩；而年龄较小的儿童则喜欢单纯、活泼的色彩。

其次，色彩是一种具有象征意义的媒介，可以表现性格与情绪。人们的色彩视觉心理功能是由视觉反应引起人们思维后而形成的。受思考者性格、年龄、民族、环境、文化修养等诸多因素的影响，产生的色彩视觉心理功能也不同。因此，色彩无所谓美与不美，关键在于这种色彩能否达到使用者的审美要求。

1. 红色调

红色调是最引人注目的色彩，是火与血交织的色彩，使人感到温暖、热情和活泼。红色象征喜庆，具有活力，属于东方民族的色彩。红色具有强烈刺激性，给人以激情燃烧的感觉。但人不宜过多接触红色，过多凝视红色会影响视力，易使人头昏目眩。需要注意的是，红色是心脑病患者的禁忌颜色。红色运用于建筑装饰设计，可以大大提高空间的注目性，使建筑空间产生温暖、热情、自由奔放的感觉。如图4-7所示。紫红色和粉红色是红色系列中最具浪漫和温馨特点的颜色，较女性化，可使室内空间产生迷情、靓丽的感觉。如图4-8所示。

图4-7　红色在建筑空间中的运用

图4-8　紫红色和粉红色在建筑空间中的运用

2.黄色调

黄色调具有明度高、色相纯、可视性强的特点，是三原色中最耀眼、最明亮的颜色。黄色象征着富贵、光明、单纯和温馨。黄色还有一种特殊的身份，因为黄色曾经是中国皇帝的"专用色"，所以黄色象征着权威和尊严。黄色具有怀旧情调，使人产生古典唯美的感觉。黄色是建筑装饰设计中的主色调，可以使建筑空间产生温馨、柔美、柔和、典雅的感觉。如图4-9所示。

图4-9　黄色在建筑空间中的运用

3.绿色调

绿色是红色的补色。绿色具有清新、舒适、休闲的特点，有助于消除神经紧张和视力疲劳。绿色象征生命、安全，因此邮政、机场快速通道和交通信号通行灯都采用绿色。人们崇尚大自然中的绿色，故使用广泛。绿色运用于建筑装饰设计，可以营造出朴素、简约、清新、明快的空间气氛。如图4-10所示。

图4-10　绿色在建筑空间中的运用

4.蓝色调

蓝色在印刷和摄影成像中也称为青色，是三原色之一。其具有清爽、宁静、优雅的特点，象征深远、理智和诚实。蓝色使人联想到天空和海洋，有镇静作用，能缓解紧张心理，增添安宁与轻松之感。蓝色宁静又不缺乏生气，高雅脱俗。蓝色运用于建筑装饰设计，可以营造出清新雅致、宁静自然的空间气氛。如图4-11所示。

图4-11　蓝色在建筑空间中的运用

5.紫色调

紫色具有高贵、优雅、神秘和华丽的性格。在我国传统用色中，也是帝王的专用色，如：北京故宫被称为"紫禁城"，皇帝的诏书被称为"紫诏"，朝廷赐给和尚的袈裟称为"紫袈裟"，紫色曾经是权利的象征。红紫色使人产生大胆、开放、娇艳和温暖的心理感觉；浅紫色展示优美、浪漫、梦幻和妩媚的韵致。另外，紫色也具有罗曼蒂克般的柔情，是爱与温馨交织的颜色，尤其适用于新婚和感情丰富的小家庭。紫色运用于建筑装饰设计，可以营造出高贵、雅致、纯情的室内气氛。如图4-12所示。

图4-12　紫色在建筑空间中的运用

6.灰色调

灰色是黑白的中间色，纯净的中灰色稳定而雅致，具有简约、平和、中庸的特点，象征儒雅、理智和严谨。灰色是深思而非兴奋、平和而非激情的色彩，使人视觉放松，给人以朴素、简约的感觉。此外，灰色使人联想到金属材质，具有冷峻、时尚的现代感。灰色运用于建筑装饰设计，可以营造出宁静、柔和的室内气氛。灰色与鲜艳的暖色组合时，会显出冷静的品格，当配色出现不协调时，加以灰色可以达到调和的目的。商品展示常常用灰色做背景，以衬托出各种色彩的性格和情调。如图4-13所示。

图4-13　灰色在建筑空间中的运用

7.褐色调

褐色具有传统、古典、稳重的特点，象征沉着、雅致。褐色使人联想到泥土，具有民俗和文化内涵。褐色具有镇静作用，给人以宁静、优雅的感觉。中国传统建筑装饰设计中常用褐色作为主调，体现出东方特有的古典文化魅力。如图4-14所示。

图4-14　褐色在建筑空间中的运用

8.黑色调

黑色具有庄重、肃穆、高贵和沉静的视觉效果，能表现典雅、高贵的格调。黑白相配的空间显露大胆的性格和情趣，具有抽象的表现力与神秘感。黑色可以与其他鲜明色彩相配，充分发挥其性格与活力，起到衬托及协调统一的作用。如图4-15所示。

图4-15　黑色在建筑空间中的运用

9.白色调

白色是最明亮的颜色，具有简洁、干净、纯洁的特点，象征高贵、大方。白色使人联想到冰与雪，它具有冷调的现代感和未来感。白色具有镇静作用，给人以理性、秩序和专业的感觉。白色对于爱动怒的人可以起到调节作用，有助于保持血压正常。患孤独症、精神忧郁症的患者则不适宜在白色环境中久住。此外，白色具有膨胀效果，可以使空间更加宽敞、明亮。白色运用于建筑装饰设计，可以营造出轻盈、素雅的室内气氛。如图4-16所示。

图4-16　白色在建筑空间中的运用

10.金属色调

金属色调主要指金色和银色，是色彩中最为高贵与华丽的颜色，是权力和富有的象征。银色偏冷，优柔高雅；金色偏暖，雍容华贵。金色是古代帝王的常用色彩，象征至高无上的尊严和权威。金色也是佛教的色彩，象征佛法的光辉以及超世脱俗的境界。如图4-17所示。

图4-17　金色在建筑空间中的运用

色彩的搭配与组合可以使建筑空间色彩更加丰富、美观。建筑空间色彩搭配力求和谐统一，通常用两种以上的颜色进行组合，要有一个整体的配色方案，不同的色彩组合可以产生不同的视觉效果，也可以营造出不同的环境气氛。例如：

①黄色+茶色（浅咖啡色)，怀旧情调，朴素、柔和；

②蓝色+紫色+红色，梦幻组合，浪漫、迷情；

③黄色+绿色+木本色，自然之色，清新、悠闲；

④黑色+黄色+橙色，青春动感，活泼、欢快；

⑤蓝色+白色，地中海风情，清新、明快；

⑥青灰+粉白+褐色，古朴、典雅；

⑦红色+黄色+褐色+黑色，中国民族色，古典、雅致；

⑧米黄色+白色，轻柔、温馨；

⑨黑+灰+白，简约、平和。

室内空间色彩的搭配与组合如图4-18～图4-21所示。

图4-18　怀旧情调的室内空间

图4-19　浪漫情调的室内空间

图4-20　自然清新的室内空间

图4-21　活泼欢快的室内空间

1.色彩的三要素是什么?

2.色彩作用于人的视觉产生哪些感觉?

3.黄色有哪些特点?

4.紫色有哪些特点?

任务二　掌握建筑装饰照明设计的方法和技巧

【学习目标】

1.了解光的类型；

2.了解建筑空间照明的方式；

3.掌握建筑空间照明的布局形式；

4.掌握建筑装饰照明设计的方法和技巧。

【教学方法】

1.讲授、图片展示结合课堂提问和现场教学示范，通过大量的设计案例、图片和影像资料，培养学生对光线的敏锐感，从而掌握建筑空间照明设计的技巧；

2.遵循教师为主导、学生为主体的原则，采用多种教学方法的有机结合，激发学生的学习积极性，变被动学习为主动学习。

【学习要点】

1.建筑空间照明的布局形式及应用；

2.照明在建筑装饰空间设计中的应用技巧。

照明对建筑装饰设计而言是一个很重要的设计元素，它不但影响我们的视觉感受，也直接影响我们对空间环境的认知。建筑装饰设计师通过灯光照明设计，可以掌控整个空间的气氛和格调，增强建筑空间表现效果及审美感受。

一、建筑空间光环境

光照对人的视觉感受极为重要，没有光就看不到一切。就建筑空间环境设计而言，光照不仅能满足人的视觉功能的需要，而且是美化环境必不可少的物质条件。光照可以构成空间，并能起到改变空间、美化空间的作用。它直接影响物体的视觉大小、形状、质感和色彩，以至直接影响到空间环境的艺术效果。建筑空间光环境主要有自然采光和人工照明两种形式。

1.自然采光

自然采光主要以太阳光为主要光源。自然采光不仅可以节约能源，而且空间环境的视觉效果更具自然、舒适感，在心理上能和自然相接近、协调，更能满足人们精神上的需求。根据采光口的位置、光源的方向，可将自然采光分为顶部采光和侧面采光。一般情况下，侧面光的进深不超过窗高的两倍。

2.人工照明

人工照明是指为创造夜间建筑物内外不同场所的光照环境，补充白昼因时间、气候、地点不同造成的采光不足，以满足工作、学习和生活的需求，而采取的人为照明措施。人工照明具有照明功能和装饰两方面的作用。

二、光的类型

光可分为直射光、反射光和漫射光三种。

(1) 直射光是指光源直接照射到工作面上的光。直射光的照度高，电能消耗少，为了避免光线直射人眼产生眩光，通常需用灯罩相配合，把光集中照射到工作面上。如图4-22所示。

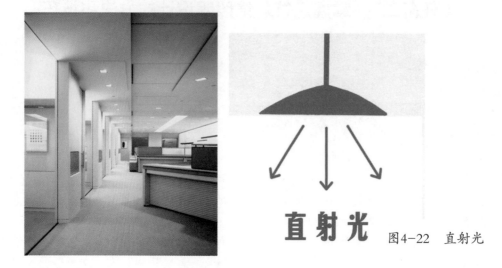

图4-22　直射光

(2) 反射光是利用光亮的镀银反射罩作定向照明，使光线受下部不透明或半透明的灯罩的阻挡，光线的全部或一部分反射到天棚和墙面，然后再向下反射到工作面。这类光线柔和，视觉舒适，不易产生眩光。如图4-23所示。

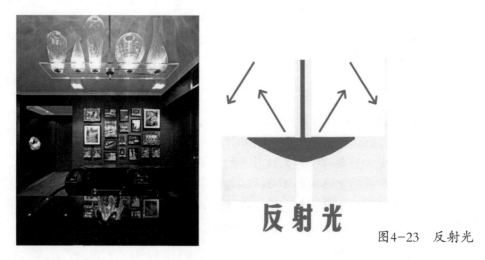

图4-23　反射光

(3) 漫射光是利用磨砂玻璃罩、乳白灯罩，或特制的格栅，使光线形成多方向的漫射，或者是由直射光、反射光混合的光线。漫射光的光质柔和，而且艺术效果颇佳。如图4-24所示。

图4-24　漫射光

三、建筑空间照明的方式

对裸露的光源不加处理，既不能充分发挥光源的功能，也不能满足空间照明环境的需要，有时还能引起眩光的危害。在一个空间内如果有过多的明亮点，不但互相干扰，而且造成能源的浪费。如果漫射光过多，也会由于缺乏对比而造成气氛平淡。因此，利用不同材质的光学特性，利用材料的透明、不透明、半透明以及不同表面质地制成各种各样的照明设备和照明装置，重新分配照度和亮度，根据不同的功能需要来改变光的发射方向和性能，是建筑空间照明重点研究的问题。

根据灯具光通量在空间的分布状况，建筑空间的照明方式可分为直接照明、半直接照明、间接照明、半间接照明和漫射照明。

1.直接照明

是指光线通过灯具射出，使其中90%～100%的光到达工作面上的照明方式。这种照明方式具有强烈的明暗对比效果，并能造成生动有趣的光影效果，可突出工作面在整个空间环境中的主导地位；但是由于亮度较高，应防止眩光的产生。

2.半直接照明

是指用半透明材料制成的灯罩罩住光源上部，使60%～90%以上的光集中射向工作面，10%～40%的光经半透明灯罩漫射形成较柔和的光线的照明方式。这种照明方式常用于较低房间的照明，由于漫射光能照亮平顶，使房间顶部高度增加，因而能产生增高空间的感觉。

3.间接照明

是指将光源遮蔽而产生的间接光的照明方式。其中90%～100%的光通过天棚或墙面反射作用于工作面，10%以下的光则直接照射工作面。间接照明通常有两种处理方法：一种是将不透明的灯罩装在灯泡的下部，光线射向平顶或其他物体上反射成间接光线；另一种是把灯泡设在灯槽内，光线从平顶反射到室内成间接光线。这种照明方式单独使用时，需注意不透明灯罩下部的浓重阴影。通常和其他照明方式配合使用，才能取得特殊的艺术效果。

4.半间接照明

是指把半透明的灯罩装在光源下部，使60%以上的光射向平顶，形成间接光源，10%～40%的光经灯罩向下扩散的照明方式。这种照明方式能产生比较特殊的照明效果，使较低矮的房间有增高的感觉。也适用于住宅中的小空间部分，如门厅、过道、服饰店等，通常在学习的环境中采用这种照明方式最为适宜。

5.漫射照明

是指利用灯具的折射功能来控制眩光，将光线向四周扩散漫散的照明方式。这种照明大体上有两种形式：一种是光线从灯罩上面射出经平顶反射，两侧从半透明灯罩扩散，下部从格栅扩散；另一种是用半透明灯罩把光线全部封闭而产生漫射。这类照明方式使光线性能柔和，视觉舒适，适于卧室照明。

四、建筑空间照明的布局形式

(1) 基础照明(整体照明)：常采用均称地镶嵌于天棚上的固定照明，其特点是光线比较均匀，能使空间显得明亮和宽敞。适合于对光的投射方向没有特殊要求、工作活动较多且又不固定的情况。为了提高照度，会导致耗电量增加。通常在不需要特别集中注意力的活动区域，如闲谈、淋浴、品茶等场所采用中低照度的整体照明，而教室、办公室、图书馆、车站等公共建筑空间，则可采用高照度的整体照明。

（2）重点照明：是指在工作需要的地方设置光源，并且还可以提供开关和灯光减弱装备，使照明水平能适应不同照度的需要，同时满足强调重点造型的作用。但要注意的是，当工作面与周围环境的亮度对比强烈时，易产生眩光和视觉疲劳。

（3）装饰照明：是指为创造视觉上的美感效果而采取的特殊照明方式。这种照明方式主要是为了强化空间情调，增强照射物的装饰效果，并突出其材料和造型的质感与美感。

（4）整体与局部混合照明：是在基础照明的基础上，视不同需要，加上局部照明和装饰照明，使整个室内环境有一定的亮度，又能满足工作面上的照度标准需要。这种照明方式既节约电能，又利于营造视觉的舒适感，是目前建筑装饰设计中应用得最为普遍的一种照明方式。

五、建筑化照明

所谓建筑化照明，就是把建筑和照明融为一体，使建筑空间的某一部分光彩夺目的照明方式。建筑化照明是在建筑空间内部安装光源或照明器具，将照明灯具埋入空间间隙中，利用光线的反射效果实施的照明方式。这种照明方式不但有利于利用顶面结构和装饰天棚之间的巨大空间，隐藏各种照明管线和设备管道，而且可使建筑照明成为整个建筑空间设计的有机组成部分，达到空间完整统一的效果。建筑照明分为以下几种形式。

1.镶板式照明

即在顶棚或圆顶上安装灯具的照明。它适用于大厅、餐厅、门厅等地方，使空间效果大气、奢华。这种照明方式既有在乳白色的嵌板上面装上灯泡的方法，也有将圆球灯泡或荧光灯吊在中心，靠顶棚的反射来照明的方法。如图4-25所示。

图4-25　镶板式照明

2.发光顶棚式照明

即在整个顶棚上安装日光灯管，在其下部安装扩散板(乳白透明片)从而得到扩散光的照明方式。这种照明方式即使装上很多照明灯具，其眩光也很少，所以适于高照度照明需求，多用于门廊、展厅等空间。另外，因为扩散板面容易产生亮度不匀的效果，所以灯的间隔及灯和扩散板间的间隔也须充分考虑。如图4-26所示。

图4-26 发光顶棚式照明

3.满天星式照明

即整个顶棚根据一定间距装上光纤灯具,形成如同漫天繁星的效果的照明方式。这种照明方式装饰效果极强,可以较好地烘托空间气氛。如图4-27所示。

图4-27 满天星式照明

4.光带式照明

即镶嵌在顶棚的长久性发光照明。日光灯管不直接射到眼睛上,而安装上遮光板或扩散板以降低眩光。如图4-28所示。

图4-28　光带式照明

5.龛孔照明

即将光源隐蔽在凹陷处的照明方式。这种照明方式需要提供集中照明的嵌板固定装置，形状有圆形、方形和矩形，一般安装在顶棚或墙内。如图4-29所示。

图4-29　龛孔照明

6.隐蔽式照明

隐蔽式照明要求将天棚的一部分做高，在其凹下的部分和墙壁的上部安装灯具，所有照射光线射到天棚上，经反射后照明建筑空间。由于其照度较低，常用于空间的辅助照明。如图4-30所示。

图4-30　隐蔽式照明

7.人工窗式照明

即安装在地下室或没窗户的房间，形成形状上如同窗户一样的照明效果。它适用于书房、展览室等空间。人工窗需在推接窗或乳白的透光板里面安装所需数量的灯。如图4-31所示。

图4-31　人工窗式照明

六、建筑装饰照明设计的应用

建筑室内空间包括办公空间、商业空间和娱乐休闲空间等，每个空间都需要相应的照明设计。

1.办公空间照明设计

办公空间根据其功能需求，采光量要充足，应尽量选择靠窗和朝向好的空间，保证自然光的供应。

为防止日光辐射和眩光，可用遮阳百叶窗来控制光量和角度。办公空间在人造光照明设计时较理性，光线分布应尽可能均匀，明暗差别不能过大。在光照不到的地方配合局部照明，如走廊、洗手间、内侧房间等。夜晚照明则以直接照明为主，较少点缀光源。办公空间照明设计可以归纳为以下几种照明形式。

    (1) 以自然光为主光源结合其他光源的照明设计。如图4-32所示。

    (2) 以灯光光源为主的照明设计。如图4-33～图4-36所示。

图4-32　引入自然光结合点缀的射灯形成自然光与点缀光的对比

图4-33　以灯管和筒灯为主光源的照明

图4-34　以暗藏灯为主光源的照明设计（日本BRAIN办公空间）

图4-35　以点光源为主的照明设计

图4-36　以局部光源为主的照明设计

2.商业空间照明设计

商业空间在功能上是以营利为目的的空间，充足的光线对促进商品的销售十分有利。在整体照明的基础上，要辅以局部重点照明，提升商品的注目性，营造优雅的商业环境。在商业空间照明设计中，店面和橱窗给客人第一印象，其光线设计一定要醒目、特别，吸引人的注意。如图4-37和图4-38所示。

图4-37　店面灯光设计

图4-38　橱窗灯光设计

商场的内部照明要与商品形象紧密结合，通过重点照明突出商品的造型、款式、色彩和美感，刺激客户的购买欲望。如图4-39～图4-41所示。

图4-39　Patrick Cox专卖店的照明设计（以局部高光源照射商品，达到突出商品的目的）

图4-40　服饰店和手表店的照明设计（以局部高光源照射商品，达到突出商品的目的，并烘托室内气氛）

图4-41 极具动感的商场照明设计

餐饮空间为增进食欲，主光源照明要明亮，以显现出食物的新鲜感。此外，为营造优雅的就餐环境，还应辅以间接照明和点缀光源。如图4-42所示。

图4-42 餐饮空间照明设计

3.娱乐休闲空间照明设计

娱乐休闲空间是人们在工作之余放松身心、交流情感的场所，在照明设计上以夜间照明为主，灯光效果十分丰富，一些特定的娱乐休闲空间还必须体现空间的主题，如一些酒吧设计中，以怀旧为主题，可以使用很多木、竹、石等自然材料；为体现对工业时代的怀念，可以使用烙铁、槽钢、管道等工业时代的产品。酒吧的照明设计以局部照明、间接照明为主，在灯具的选择上尽量以高照度的射灯、暗藏灯管来进行照明，在光色的选择上还必须与空间的主题相呼应。如图4-43所示。

舞厅可分为迪斯科（劲舞）厅和交谊舞（慢舞）厅两类。舞池的灯光最能使人感觉到光和色彩的迷人魅力，特别是配合着音乐歌声、旋律和节奏变幻的灯光更使人迷离和陶醉。

舞厅的照明设计对光线的要求较高，在灯光的设计上，首先要有定向的灯光，达到追身的效果。定向灯光常使用聚光灯，可在聚光灯上安置色片，丰富其色彩。其次，为营造出舞厅光怪陆离、灯光璀璨的气氛，在舞池区域应配备彩色聚光灯、水晶环绕灯、激光束灯、暗藏背景灯等多种灯具，以达到舞厅的功能需求。如图4-44所示。

卡拉OK厅是群众自娱自乐的空间，灯光的设计主要考虑整体环境气氛的营造，应给人以轻松自如、温馨浪漫的感觉，故间接照明、暗藏光使用较多。如图4-45所示。

图4-43 酒吧照明设计

图4-44　舞厅照明设计

图4-45　KTV照明设计

1.人造光照明的方式有哪几种?

2.办公空间照明设计应注意哪些问题?

3.娱乐空间照明设计应注意哪些问题?

【学习目标】

1.了解家具的分类；

2.了解家具设计的造型法则；

3.掌握室内软装饰设计的方法和技巧。

【教学方法】

1.讲授、图片展示结合课堂提问和教学视频展示，通过大量的设计案例、图片和影像资料，训练学生的室内软装饰设计能力；

2.遵循教师为主导、学生为主体的原则，采用多种教学方法的有机结合，激发学生的学习积极性，变被动学习为主动学习。

【学习要点】

1.不同类别的家具的造型特点；

2.室内软装饰设计的方法和技巧。

随着人们对生活品质和文化品位的要求不断提高，越来越多的人提倡把更多的注意力放在软装饰上，而非以前的单纯硬装修。传统的装饰手法和方式已经跟不上时代的步伐，这就要求室内装饰设计势必要有所创新。现在空间的艺术性装饰越来越受到人们的重视，人们也更加意识到营造良好的生活与工作氛围的重要性。因此，软装饰在现代室内装饰设计中的也发挥着越来越重要的作用。

任务一　掌握室内家具设计的方法和技巧

家具设计在建筑装饰设计中，具有举足轻重的作用。一方面，家具具有实用性的功能，能给人的生活带来方便，同时家具的布置也可以组织室内的功能空间；另一方面，家具占空间相当大的面积，是室内软装饰设计中的主要角色，其造型、色彩和式样是影响空间装饰气氛的主导因素。

家具起源于人的生活需求，是人类几千年文化的结晶。人类经过漫长的实践，使家具不断更新、演变，在材料、工艺、结构、造型、色彩和风格上家具都在不断完善。形形色色、变化万千的家具为设计师提供了更多的设计灵感和素材。家具已经成为室内空间环境设计的重要组成部分，家具的选择与布置是否合适，对于室内空间环境的装饰效果起着重大的作用。如图5-1所示。

图5-1　家具在建筑装饰设计中的装饰效果

一、家具的分类

家具按其使用功能、制作材料、结构构造体系、组成方式和艺术风格可以分为以下几类。

1.按使用功能分类。

即按家具与人体的关系和使用特点分为以下三类。

（1）人体家具：是指与人体发生密切关系的家具。它既包括直接支撑人体的椅、凳、床、沙发等，同时又包括与人的活动直接相关的家具，如茶几、桌子、衣柜等。人体家具是最基本、最常见的家具，使用范围广泛。如图5-2和图5-3所示。

图5-2　IFDA获奖作品：Half Chair

图5-3　人体家具

(2) 储物家具：主要是指储存物品的柜、橱、箱、架等家具，如书柜、衣橱、酒柜等。贮物家具主要考虑如何满足不同物品的存放要求及与使用者的关系。如图5-4所示。

图5-4　储物家具

(3) 装饰家具：是以美化空间、装饰空间为主的家具，如博古架、屏风、装饰柜等，装饰家具除了一定的实用功能外，还在分隔空间、增进层次方面具有相当大的作用。如图5-5所示。

图5-5　装饰家具

2.按结构特征分类

(1) 框式家具：以榫接合为主要特点，木方通过榫接合构成承重框架，围合的板件附设于框架之上，一次性装配而成的家具。

(2) 板式家具：指用各种不同规格的板材，借助黏结剂或专用五金件连接而成。框架在框架结构中起承重作用，镶板起围护作用的家具。此类家具具有节约木材、结构简单、组合灵活、外观大方等特点。

(3) 拆装式家具；用各种连接件或插接结构组装而成的可以反复拆装的家具。拆装后的家具方便贮藏、携带和运输。

(4) 折叠家具：能够折动使用并能叠放的家具，特点是移动、堆积、运输和存放方便。

(5) 曲木家具：以实木弯曲或多层单板胶合弯曲而成的家具。具有造型别致、轻巧、美观的优点。

(6) 壳体家具：指整体或零件利用塑料或玻璃一次模压、浇注成型的家具。具有结构轻巧、形体新奇和新颖时尚的特点。

(7) 悬浮家具：以高强度的塑料薄膜制成内囊，在囊内充入水或空气而形成的家具。悬浮家具造型新颖，有弹性，有趣味，但一经破裂则无法再使用。

(8) 树根家具：以自然形态的树根、树枝、藤条等天然材料为原料，略加雕琢后经胶合、钉接、修整而成的家具。

(9) 充气家具：以一个不漏气的胶囊为主体，在内部注入气体的家具。其比普通家具节省材料，降低成本，外观新颖有创意，工艺简单，造型美观大方，运输方便。

如图5-6～图5-9所示。

图5-6　框式家具

图5-7　板式家具

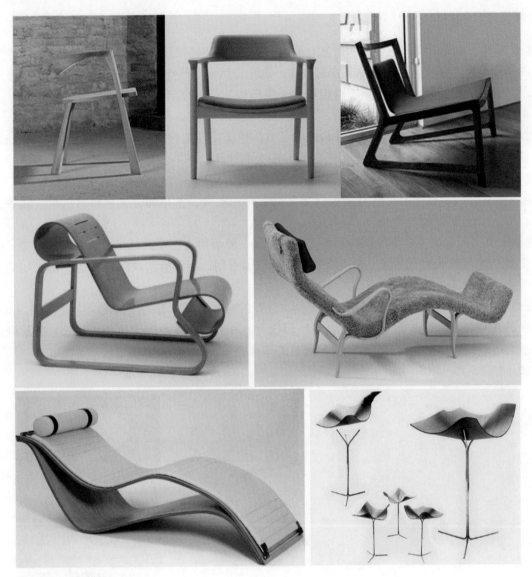

图5-8 曲木家具

图5-9 壳体家具

3.按制作家具的材料分类

(1) 木质家具：主要由实木与各种木质复合材料（如胶合板、纤维板、刨花板和细木工板等）构成。木制家具的特点是造型多样，纹理清晰且富有变化，色泽自然，导热性小，有一定韧性和透气性。

(2) 塑料家具：整体或主要部件用塑料包括发泡塑料加工而成的家具。塑料家具有创意多样、色彩丰富、造型丰富的特点。

(3) 竹藤家具：以竹条或藤条编制部件构成的家具。竹藤家具具有冬暖夏凉、抗压、抗拉、抗压、强度好、清新秀丽、光洁等特点，主要适用于空气湿度大的地区。另外，竹藤家具还具有造型丰富、结构轻巧、清新素雅的特点。

(4) 金属家具：以金属管材、线材或板材为基材生产的家具。常用的金属材料有钢材、铸铁、合金等。

(5) 玻璃家具：以玻璃为主要构件的家具。玻璃家具一般采用高硬度的强化玻璃和金属框架，玻璃的透明清晰度高出普通玻璃的4～5倍。高硬度强化玻璃坚固耐用，能承受常规的磕、碰、击、压的力度，完全能承受和木制家具一样的重量。

(6) 皮质家具：以各种皮革为主要面料的家具。一般的皮质家具，都是以牛皮为主要原料，也有少数使用羊皮、马皮或猪皮。这是因为家具所需皮料面积大，一般高档皮质除了体积不足外，其过硬的触感和鳞片也不太适合做家具，唯有牛皮才能满足家具的基本需求。

各类家具如图5-10～图5-14所示。

图5-10　木质家具

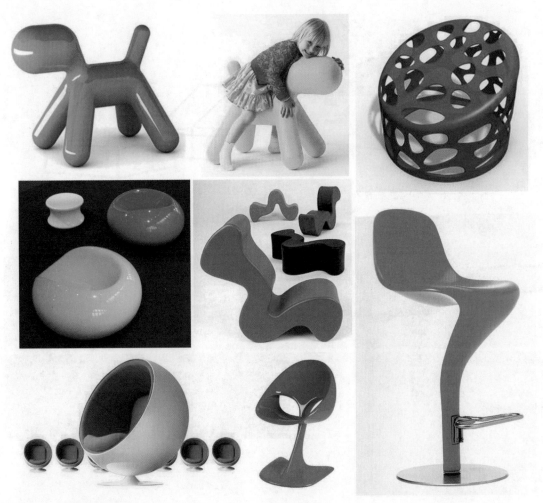

图5-11　塑料家具

图5-12　竹藤家具

图5-13 玻璃家具

图5-14 皮质家具

二、 家具在建筑装饰设计中的作用

家具是人们生活必需的用具，在社会活动中扮演着非常重要的角色。作为当代建筑装饰设计师，在对家具种类了解的基础上，不仅要灵活运用不同种类的家具，对建筑室内空间进行装饰，还要在更大程度上满足人们的功能需求和精神需求，使家具能更好地为人服务。建筑装饰设计和家具设计的基本原则都是围绕着"以人为本"的设计理念展开的，其根本目的都是满足人们的使用功能和精神需求。家具在建筑室内空间中除了具体的使用功能外，还具有一定的装饰和调节空间关系的作用。因此，家具选择除了要注重其使用功能，把握个性外，还应从室内空间环境的整体性出发，在统一中求变化，从家具的风格、造型、色彩、质感和空间关系等各方面进行的探究。

1.组织并划分空间

在建筑装饰设计中，通常以墙体和各种材质的隔断来分隔空间，然而这种分隔方式不仅缺少灵活性而且利用率低。用家具布置来组织并划分空间，可以更为合理和有效地利用室内有限的空间，使实体空间和虚拟空间相辅相成。如在居住空间设计中，利用装饰柜来分隔房间；在厨房与餐厅之间，利用吧台、酒柜来分隔空间；在商场、超市利用货架、货柜来划分区域等。通过家具分隔建筑室内空间，既能减少墙体的面积，减轻自重，提高空间利用率，还可以在一定的条件下通过家具布置的灵活变化达到适应不同的功能要求的目的。如图5-15所示。

图5-15　家具分隔空间

2.调节空间色彩和创造空间氛围

家具的色彩和质地对建筑室内空间的氛围营造起着重要的作用。家具色彩的选择应首先根据建筑室内空间整体环境色彩进行总体控制与把握，即建筑室内空间六个界面的色彩一般应统一、协调，而家具的色彩则可以鲜明一些，这样可以消除空间的单调感。家具的造型和色彩赋予了建筑室内空间以生命力，使空间更富情趣。家具本身优美的造型，还能给人以轻巧秀美的感觉，使空间具有柔美温馨的气质，展现轻松、自然的格调。

在进行室内家具色彩与质感设计时，应注意"统一与变化"的原则。家具的色彩与质感仅占建筑室内空间色彩和质感的一部分，但却影响到空间环境的整体氛围，不能孤立地考虑。在建筑室内空间设计与布置中，界面的色彩和质感往往成为家具的背景，可采用调和、统一的手法来处理，而家具则应该在色彩、造型和材质上与背景有所变化，以此体现空间的特色。

在选用家具时，除了考虑家具的使用功能，还应该利用各种艺术手段，通过家具的形象来表达自己的思想或某种精神层面的诉求。家具既是实用品，又是陈设品。根据不同的场合、用途和使用性质，正确选择和配置家具，可以创造出空间情调和氛围。如图5-16所示。

图5-16　家具调节空间色彩和创造空间氛围

3.划分功能空间与识别空间

空间性质很大程度上取决于所使用的家具，在家具没有布置前是难于识别空间的功能和性质的。因此，可以说家具是空间实际性质的直接表达者，是空间功能的决定者。正确地选择家具，可以充分反映出空间的使用目的、规格、等级、地位及使用者的个人特征，从而为空间赋予一定的品格。例如房间布置了沙发和茶几后，空间功能就被确定为客厅，成为整套居室的公共交流空间。类似的，空间布置了床，其功能就被定位为卧室，属于私人空间，使用者和使用范围都相对较小。如图5-17所示。

图5-17　划分功能空间与识别空间

三、家具设计的造型法则

家具是科学、艺术、物质和精神的结合。家具设计涉及心理学、人体工程学、结构学、材料学和美学等多学科领域。家具设计的核心就是造型，造型好的家具会激发人们的购买欲望，家具设计的造型设计应注意以下几个问题。

1.比例

比例是一个度量关系，也就是指家具的长宽高三个方向的度量比。

2.平衡

平衡给人以安全感，分对称性平衡和非对称性平衡。

3.和谐

指构成家具的部件和元素的一致性，包括材料、色彩、造型、线型和五金等。

4.对比

强调差异，互为衬托，有鲜明的变化。如方与圆、冷与暖、粗与细等。

5.韵律

是一种空间的重复，有节奏的运动。韵律可借助于形状、色彩和线条取得，分连续韵律、渐变韵律和起伏韵律。

6.仿生

根据造型法则和抽象原理对人、动物和植物的形体进行仿制和模拟，设计出具有生物特点的家具。

1.家具按使用功能分为哪些家具？
2.家具在建筑装饰设计中的作用是什么？
3.家具设计的造型法规有什么？

任务二　掌握室内陈设设计的方法和技巧

【学习目标】

1.了解室内陈设的作用与价值；

2.了解室内陈设的分类；

3.掌握室内陈设的布置原则。

【教学方法】

1.讲授、图片展示结合课堂提问，通过大量的软装饰设计案例、图片和影像资料，训练学生的室内软装饰设计能力；

2.遵循教师为主导、学生为主体的原则，采用多种教学方法的有机结合，激发学生的学习积极性，变被动学习为主动学习。

【学习要点】

1.室内陈设的布置原则及应用；

2.室内软装饰设计的方法和技巧。

室内陈设设计是指对室内空间中的陈列品和摆设品的布置。其内容非常丰富，形式多种多样，无论时代如何变迁，室内陈设设计始终以表达思想和文化为出发点，体现室内空间精神内涵。

一、室内陈设的作用与价值

室内陈设对室内空间形象的塑造、气氛的表达、环境的渲染起着锦上添花的作用，是完整的建筑室内空间装饰设计必不可少的内容。室内陈设品的展示，必须和室内空间的其他装饰要素相互协调、配合，不能孤立存在。

室内陈设设计时要注意体现民族文化和地方文化。国内的许多宾馆常用陶瓷、景泰蓝、唐三彩、中国画和书法等具有中国传统文化特色的装饰来体现中国文化的魅力，使许多外国游客流连忘返。盆景和插花也是室内常用的陈设品，植物花卉的色彩让人犹如置身于大自然，给人以勃勃生机。

二、室内陈设的分类

室内陈设从材质上可分为以下几个大类。

1.布艺

布艺主要包括窗帘、地毯、床单、桌布、靠垫和挂毯、沙发罩等。这些织物不仅有实用功能，还可以对室内空间的色彩进行调节，补充室内装饰方面的不足，增强室内空间的艺术性。布艺的选择与布置要充分发挥其材料质感、色彩和纹理的表现力，烘托室内空间的艺术气氛，陶冶人的情操。

窗帘具有遮蔽阳光、隔声和调节温度的作用。窗帘的选择应根据不同空间的特点，采光不好的空间可用轻质、透明的纱帘，以增加室内光感；光线照射强烈的空间可用厚实、不透明的绒布窗帘，以减弱室内光照。隔声的窗帘多用厚重的布料来制作，折皱要多，这样隔声效果更好。窗帘调节温度主要运用色彩的变化来实现，如冬天用暖色，夏天用冷色；朝阳的房间用冷色，朝阴的房间用暖色。制作窗帘的材料很多，如布、沙、竹、塑料等。窗帘的款式包括单幅式、双幅式、束带式、半帘式、横纵向百叶帘式等。

地毯是室内铺设类装饰布艺，广泛用于室内装饰。地毯的质地比较柔软，有较好的弹性，其材质触感很好，具有吸声、保暖功能，是室内良好的铺地布艺。在选用地毯时，要考虑地毯的材料、图案、色彩等因素。在色彩方面，色调选择要以室内整体色调为依据，要符合人们的审美习惯。图案的选择要以室内空间的大小及色彩、空间装饰氛围为依据。

靠垫是沙发的附件，可调节人们的座、卧、倚、靠姿势。靠垫的形状以方形和圆形为主，多用棉、麻、丝和化纤等材料，采用提花、印花和编织等制作手法，图案自由活泼，趣味性强。靠垫的布置应根据沙发的样式来进行选择，一般素色的沙发用艳色的靠垫，而艳色的沙发则用素色的靠垫。

布艺如图5-18～图5-21所示。

图5-18　窗帘

图5-19　地毯

图5-20　靠垫

图5-21 床单和沙发罩

2.陈设艺术品和工艺品

陈设艺术品和工艺品是室内常用的装饰陈设物。陈设艺术品既包括具有装饰功能的绘画、书法、雕塑、花艺和摄影作品，又包括具有使用功能的茶具、餐具和酒具等，具有极强的艺术欣赏价值和审美价值。工艺品即有欣赏性，且还有实用性。

陈设艺术品艺术感染力强。在艺术品的选择上要注意与室内空间风格相协调，欧式古典风格室内中应布置西方的绘画（油画、水彩画）、雕塑作品以及相应的古典式餐具（碗、碟、烛台、刀、叉等）；中式古典风格室内空间中应布置中国传统绘画和书法作品。中国画形式和题材多样，分工笔和写意两种画法，又有花鸟画、人物画和山水画三种表现形式。中国书法博大精深，分楷、草、篆、隶、行等书体。中国的书画必须要进行装裱，才能用于室内的装饰。同时，中式风格的室内空间还经常布置茶具、茶艺台等。

工艺品既包括中国民间传统的瓷器、竹编、草编、挂毯、木雕、石雕、盆景，还包括具有现代造型样式的抽象雕塑、瓶、罐、陶艺制品等。另外，还有民间工艺品，如泥人、面人、剪纸、刺绣、织锦等。其中，陶瓷制品特别受人们喜爱，它集艺术性、观赏性和实用性于一体，在室内放置陶瓷制品，可以体现出优雅脱俗的效果。陶瓷品种分两类：一类为装饰性陶瓷，主要用于摆设；另一类是集观赏和实用相结合的陶瓷，如陶瓷水壶、陶瓷碗、陶瓷杯等。青花瓷是中国的一种传统名瓷，其沉着质朴的靛蓝色体现出温厚、优雅、和谐的美感。除此之外，一些日常用品也能较好地实现装饰功能，如一些玻璃器具和金属器具晶莹透明、绚丽闪烁，光泽性好，可以增加室内华丽的气氛。

室内陈设艺术品和工艺品如图5-22～图5-28所示。

图5-22　室内艺术字画

图5-23　室内茶具和餐具

图5-24　室内陈设工艺品1

图5-25　室内陈设工艺品2

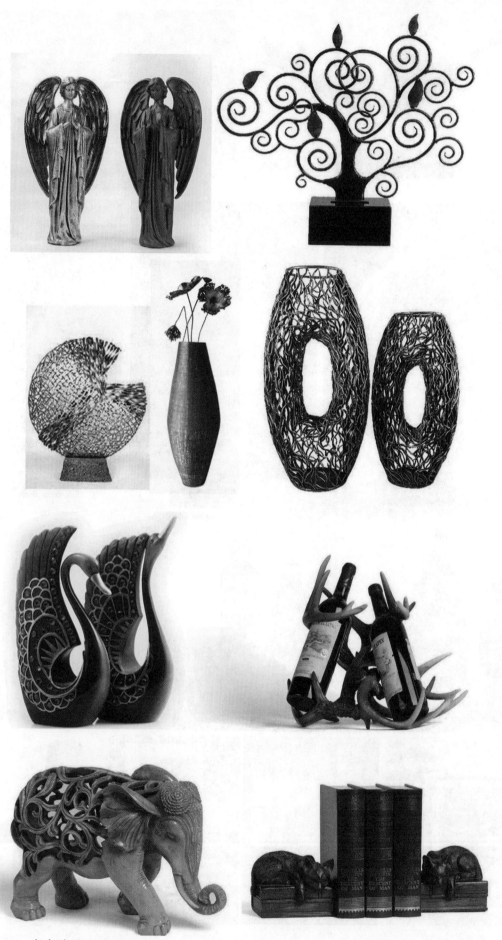

图5-26 室内陈设工艺品3

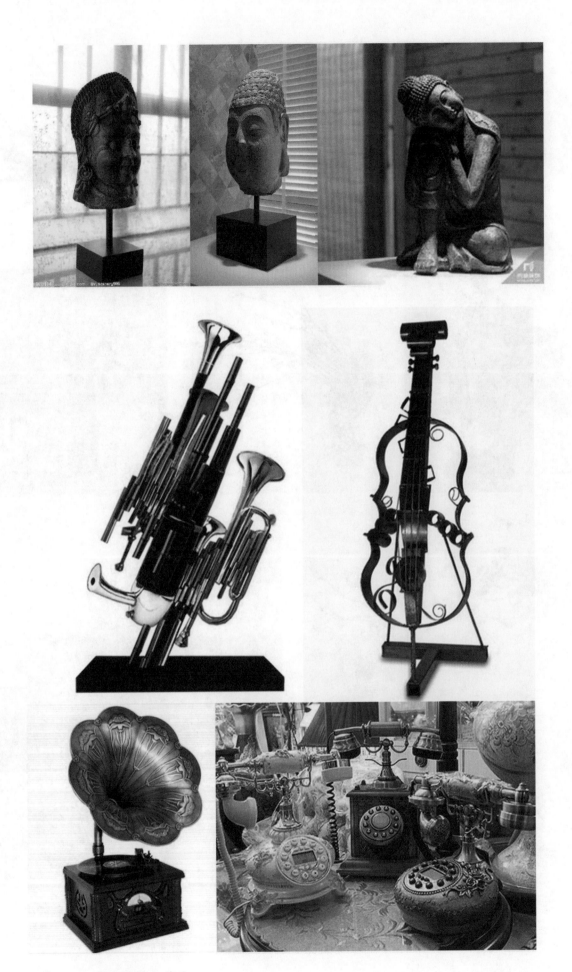

图5-27 室内陈设工艺品4

图5-28　室内花艺

3.其他陈设

其他的室内陈设还包括：家电类陈设，如电视机、DVD影碟机和音响设备等；音乐类陈设，如光碟、吉他、钢琴、古筝等；运动器材类陈设，如网球拍、羽毛球拍、滑板等。除此之外，各种书籍、各类生活日用品也可是室内陈设的一部分。其他室内陈设品如图5-29所示。

图5-29　其他室内陈设品

三、室内陈设的布置原则

室内陈设的布置应遵循以下原则。

(1) 室内陈设的选择与布置要与室内整体空间环境协调一致，要从材质、色彩和造型等多方进行考虑，要与室内空间的风格及家具的样式相统一。如图5-30所示。

(2) 室内陈设的大小要与室内空间尺度及家具尺度形成良好的比例关系。室内陈设的大小应以空间尺度与家具尺度为依据而确定，不宜过大，也不宜太小，最终达到视觉上的均衡感。

(3) 室内陈设的陈列布置要主次得当，增加室内空间的层次感。在陈列摆放的过程中要注意，在诸多陈设品中分出主要陈设及次要陈设，使其与其他构成室内空间环境的因素在空间中形成视觉中心，而其他陈设品处于辅助地位，这样不易造成杂乱无章的空间效果。如图5-31所示。

(4) 室内陈设的陈列摆放要注重陈列摆放的效果，要符合人们的欣赏习惯。如在室内的多余空间部位随意、适当布置一些陈设品，这样既可以对空间起到装饰作用，又能使空间丰满、不空洞。如图5-32所示。

图5-30　室内陈设的选择与布置要与室内整体空间环境协调一致

图5-31　室内陈设的陈列布置要主次得当

图5-32　可以在室内的多余空间部位随意、适当的布置一些陈设品示例

四、装饰性陈设品布置方式

装饰性陈设主要用于点缀、美化空间环境，陶冶人的情操。装饰性陈设品布置主要考虑以下几种陈设品布置方式。

1.墙面陈列

墙面陈列是指将陈设品张贴或钉挂在墙面上的陈列方式。其陈设物品多以书画、编织物、木雕、浮雕等艺术品为主，也可悬挂一些工艺品、民俗器物、照片、乐器等。在一般情况下，书画作品、摄影作品是室内最重要的装饰陈设物品，悬挂这些作品应该选择完整的墙面和适宜的观赏高度。如图5-33所示。

墙面陈列需注意陈设品的题材应与室内空间装饰风格一致，陈设品本身的面积和数量应与墙面的空间、邻近的家具以及其他装饰品有良好的比例协调关系，悬挂的位置也应与近处的家具、陈设品取得活泼的均衡效果。此外，还应注意的是墙面宽大适宜布置大的陈设品以增加室内空间的气势，墙面窄小适宜布置小的陈设物品以留出适度的空隙，否则再精彩的陈设品也会因为布置不当而逊色。

2.台面陈列

台面陈列主要是指将陈设品陈列于水平台面上的陈列方式。其陈列范围包括各种桌面和柜面，如书桌、餐桌、梳妆台、茶几、床头柜等。陈设物品包括床头柜上的台灯、相框，梳妆台上的化妆品，书桌上的文具、书籍，餐桌上的餐具、花艺、水果，茶几上的茶具、食品、植物等。如图5-34所示。

台面陈列需要强调的是其陈列必须与人们的生活行为配合，如家中的客人一般习惯在沙发上就座、谈话、喝茶、吃水果等，所以茶具、果盘等均应放置在附近的茶几上，供人们随手可取。

3.橱架陈列

橱架陈列是一种兼有储存作用的陈列方式，可以将各种陈设品统一集中陈列，使空间显得整齐有序。对于陈设品较多的场所来说，这是最为实用有效的陈列方式。橱架陈列有单独陈列和组合陈列两种方式。无论哪一种陈列方式，都要考虑橱架与其他家具以及空间整体环境的协调关系，力求整体上与环境统一，局部则与陈设品协调。如图5-35所示。

4.其他陈列方式

除了以上几种最普遍的陈列方式以外，还有地面陈列、悬挂陈列、窗台陈列等方式。其中对于尺寸较大的陈设品，可以直接陈列于地面，如落地灯、雕塑艺术品等；而悬挂陈列方式常用在公共室内空间中，如大堂的吊灯、帘幔、植物等；窗台陈列则以花卉植物为主，应注意窗台的宽度是否足够陈列，否则陈设品易坠落摔坏，同时陈设品的设置不应影响窗户的开关使用。如图5-36所示。

图5-33　墙面陈列

图5-34　台面陈列

图5-35　橱架陈列

图5-35　悬挂陈列

　　1.窗帘有哪些作用？
　　2.室内陈设品的布置原则是什么？

【学习目标】

1.了解居住空间客厅的装饰设计技巧；

2.了解居住空间餐厅的装饰设计技巧；

3.了解居住空间卧室的装饰设计技巧；

4.掌握全套居住空间的装饰设计技巧。

【教学方法】

1.讲授、图片展示结合课堂提问和案例分析，通过大量的居住空间设计案例、图片和影像资料，训练学生的居住空间装饰设计能力；

2.遵循教师为主导、学生为主体的原则，采用多种教学方法的有机结合，激发学生的学习积极性，变被动学习为主动学习。

【学习要点】

1.客厅的装饰设计技巧；

2.全套居住空间的装饰设计技巧。

任务一　掌握居住空间装饰设计的方法和技巧

一、客厅设计

客厅是全家人文化娱乐、休息、团聚、接待客人和相互沟通的场所，是家居中主要的起居空间，也是住宅中活动最集中、使用频率最高的空间。它能充分体现主人的品位、情感和意趣，展现主人的涵养与气度，是整个住宅的中心。

客厅的主要功能区域可以划分为家庭聚谈区、会客接待区和视听活动区三个部分。

1.家庭聚谈区和会客接待区

客厅是家庭成员团聚和交流感情的场所，也是家人与来宾会谈交流的场所，一般采用几组沙发或座椅围合成一个聚谈区域来实现，客厅沙发或座椅和围合形式一般有单边形、"L"形、"U"形等。

2.视听活动区

视听活动区是客厅视觉注目的焦点。人们每天需要接收大量的信息，或守坐在视听区旁以听音乐、欣赏影视图像以消除一天的疲劳。另外，接待宾客时，亦常需利用有声或有形物掩盖一下神色及态度上的短暂沉默与尴尬。因此，现代住宅愈来愈重视视听区域的设计。视听活动区的设计主要根据沙发主座的朝向而定。通常，视听区布置在主座的迎立面或迎立面的斜角范围内，以使视听区域构成客厅空间的主要目视中心，并烘托出宾主和谐、融洽的气氛。

视听活动区一般由电视柜、电视背景墙和电视视听组合等部分组成。电视背景墙是客厅中最引人注目的一面墙，是客厅的视觉中心。电视背景墙是为了弥补客厅中电视机背景墙面的空旷，同时可以起到客厅修饰的作用。电视背景墙是家人目光注视最多的地方，经年累月地看也会让人厌烦，所以其装修也尤为讲究。可以通过别致的材质、优美的造型来表现。电视背景墙的设计主要有以下几种形式。

(1) 古典对称式：中式和欧式风格都讲究对称布局，它具有庄重、稳定、和谐的感觉。

(2) 重复式：利用某一视觉元素的重复出现来表现造型的秩序感、节奏感和韵律感。

(3) 材料多样式：利用不同装饰材料的质感差异，使造型相互突出，相映成趣。

(4) 深浅变化式：通过色彩的明暗和材料的深浅变化来表现造型的形式。这种形式强调主体与背景的差异，主体深，则背景浅；主体浅，则背景深。两者相互突出、相映成趣。

(5) 形状多变式：利用形状的变化和差异来突出造型如曲与直的变化、方与圆的变化等。

客厅的风格多样，有优雅、高贵、华丽的古典式，简约、时尚、浪漫的现代式，朴素、休闲的自然式等。客厅设计时要注意对室内动线的合理布置，交通设计要流畅，出入要方便，避免斜插会谈区而影响会谈。客厅设计时可对原有不合理的建筑布局进行适当调整，使之更符合空间尺寸要求。

客厅的陈设可以体现主人的爱好和审美品位，可根据客厅的风格来配置。古典风格配置古典陈设品，现代风格配置现代陈设品，这些形态各异的陈设品在客厅中往往能起到画龙点睛的作用，使客厅看上去更加生动、活泼。

客厅设计时还要注意对天花、墙面和地面三个界面的处理。客厅天花设计时可根据室内的空间高度来进行设计，空间高度较低的客厅不宜吊顶，以简洁平整为主。空间高度较高的客厅可根据具体情节吊二级顶、三级顶等。天花的吊顶还可以采用局部吊顶的手法，四周低中间高，四周吊顶，中间空，形成一个"天池"状的光带，使整个客厅明亮，光洁。天花的色彩宜轻不宜重，以免造成压抑的感觉。客厅的墙面通常用乳胶漆、墙纸或木饰面板来装饰，视听背景墙是装饰的重点，靠阳台的墙面以玻璃推拉门为主，这样可以使客厅获得充足的采光和清新的空气，保证客厅的空气流通，并调节室温。靠沙发的墙面可挂装饰画来装饰墙面。

客厅的地面可采用耐脏、易清洁、光泽度高的抛光石材，也可采用温和、质朴、吸音隔热良好的木地板。沙发会谈区还可通过铺设地毯来聚合空间，美化家内环境。客厅内可适当摆设绿色植物，既可以净化空气，又可以消除疲劳。

二、餐厅设计

餐厅是家人用餐和宴请客人的场所。民以食为天，餐厅不仅是补充能量的地方，更是家人团聚和交流情感的场所，是居室中一处幽雅、恬静的空间。餐厅主要有以下三种形式。

1.独立式

指单独使用一个房间作为餐厅的形式。这种形式的餐厅是最为理想的餐厅形式，可以极大地降低用餐时外界的干扰，使家人和朋友可以在一个相对独立和幽静的空间用餐，营造出一个舒适、稳定的就餐环境。

2.客厅与餐厅合并式

指客厅与餐厅相连的形式，这种形式的餐厅是现代家居中最常见的。设计时要注意空间的分隔技巧，放置隔断和屏风是既实用又艺术的做法；也可以从地板着手，将地板的形状、色彩、图案和材质分成两个不同部分，餐厅与客厅以此划分成两个格调迥异的区域；还可以通过色彩和灯光来划分。在分隔的同时还要注意保持空间的通透感和整体感。

3.厨房与餐厅合并成

指厨房与餐厅相连的形式。这种形式的餐厅也可节约空间，减轻压抑感，并可以缩短上菜路线，提高就餐效率。不足之处在于受厨房油烟干扰较大。

餐厅的家具主要有餐桌、餐椅和酒柜。餐桌有正方形、长方形和圆形等形状。酒柜是餐厅装饰的重点家具，其样式繁多，用材主要以木料为主，其功能主要是存放各类酒瓶、酒具和各色工艺品等。选择餐厅家具时要注意与室内整体风格相吻合，通过不同的样式和材质体现不同的风格。如天然纹理的原木餐桌椅，透露着自然淳朴的气息；金属电镀的钢管家具，线条优雅，具有时代感；做工精细、用材考究的古典家具，风格典雅，气韵深沉，富有浓郁的怀旧情调。

餐桌标准尺寸：四人正方形桌为760 mm×760 mm，六人长方形桌为1 070 mm×760 mm（1 400 mm×700 mm的六人长方形桌较舒适），圆桌半径为450 mm~600 mm，餐桌高为710 mm配415 mm高的餐椅。

餐厅的陈设既要美观，又要实用。餐厅中的软装饰，如桌布、餐巾和窗帘等，应尽量选择化纤类布艺材料，易清洗，耐脏。布艺的色彩和图案可根据室内不同的气氛要求来选择，营造素雅气氛时，可选择色彩淡雅、图案朴素的布艺材料；需要重点突出时，可选择色彩艳丽、图案花饰较多的布艺材料。餐桌上摆放一个花瓶，再插上几株花卉，能起到调节心理、美化环境的作用。墙角摆放绿色植物，可净化空气，增添活力。墙上悬挂字画、瓷盘和壁挂等装饰品，可以体现主人的审美品位。如餐厅面积太小，可在墙上设置一面镜子，增加反射效果，扩大空间感。

餐厅的天花可做二级吊顶造型，暗藏灯光，增加漫射效果。餐灯可增加餐厅的光照和美感，选择时注意与室内风格相协调，可选择能调节高低位置的组合灯具，满足不同的照明要求。餐厅的地面宜用易清洁、防滑的石材地砖。餐厅的色彩可采用红色、橙色和黄等暖色增进食欲。

此外，在餐厅与客厅或餐厅与厨房的交界处可设置家庭酒吧。家庭酒吧是居室中的一处休闲空间，主要由酒吧台、吧椅和小酒柜组成。酒吧台高度为1~1.2 m，可做成不同的造型，如弧线形、圆柱形和长方形等，台面一般选用光滑而易清洁的材料，如大理石、玻璃、木板等。吧椅略高于普通餐椅，设置放脚架，可旋转。小酒柜主要用于摆放各类酒具和酒瓶，与酒吧台相呼应。

三、主卧室设计

主卧室是住宅主人的私人生活空间，它应该满足男女主人双方情感和心理的共同需求，顾及双方的个性特点。主卧室在设计时应遵循以下两个原则。一是要满足休息和睡眠的要求，营造出安静、祥和的气氛。卧室内可以尽量选择吸声的材料，如海绵布艺软包、木地板、双层窗帘和地毯等；也可以采用纯净、静谧的色彩来营造宁静气氛。二是要设计出尺寸合理的空间。主卧室的空间面积每人不应小于6m²，高度不应小于2.4 m，否则就会使人感到压抑和局促。在有限的空间内还应尽量满足休闲、阅读、梳妆和睡眠等综合要求。

主卧室按功能区域可划分为睡眠区、梳妆阅读区和衣物贮藏区三部分。睡眠区由床、床头柜、床头背景墙和台灯等组成。床应尽量靠墙摆放，其他三面临空。床不宜正对门，否则使人产生房间狭小的感觉，开门见床也会影响私密性。床应适当离开窗口，这样可以降低噪声污染和顺畅交通。医学研究表明，人的最佳睡眠方向是头朝南，脚朝北，这与地球的磁场相吻合，有助于人体各器官和细胞的新陈代谢，并能产生良好的生物磁化作用，达到催眠的效果，提高睡眠质量。床应近窗，让清晨的阳光射到床上，有助于吸收大自然的能量，杀死有害微生物。床头柜和台灯是床的附属物件，可以存放物品和提供阅读采光，一般配置在床的两侧，便于从不同方向上下床。床头背景墙是卧室的视觉中心，它的设计以简洁、实用为原则，可采用挂装饰画、贴墙纸和贴饰面板等装饰手法，其造型也可以丰富多彩。梳妆阅读区主要布置梳妆台、梳妆镜和学习工作台等。衣物储藏区主要布置衣柜和储物柜。

主卧室的天花可装饰简洁的石膏脚线或木脚线，如有梁需做吊顶来遮掩，以免造成梁压床的不良视觉效果。地面采用木地板为宜，也可铺设地毯，以增强吸音效果。

主卧室的采光宜用间接照明，可在天花上布置吸顶灯柔化光线。筒灯的光温馨柔和，可作为主卧室的光源之一。台灯的光线集中，适于床头阅读。卧室的灯光照明应营造出宁静、温馨、宜人的气氛。

主卧室宜采用和谐统一的色彩，暖色调温暖、柔和，可作为主色调。主卧室是睡眠的场所，应使用低纯度、低彩度的色彩。

主卧室的风格样式应与其他室内空间保持一致，可以选择古典式、现代式和自然式等多种风格样式。

四、儿童卧室设计

儿童卧室是儿童成长和学习的场所。在设计时要充分考虑儿童的年龄、性别和性格特征，围绕儿童特有的天性来设计。儿童卧室设计的宗旨是"让儿童在自己的空间内健康成长，培养独立的性格和良好的生活习惯"。

儿童卧室设计时应考虑幼儿期和青少年期两个不同年龄阶段的儿童性格特点，针对儿童不同年龄阶段的生理、心理特征来进行设计。

学前儿童的房间侧重于睡眠区的安全性，并有充足的游戏空间。因幼儿期儿童年龄较小，生活自理能力不足，房间应与父母房相邻。幼儿期儿童卧室应保证充足的阳光和新鲜的空气，这样对儿童身体的健康成长有重要作用。房间内的家具应采用圆角及柔软材料，保证儿童的安全，同时这些家具又应极富趣味性，色彩艳丽、大方，有助于启发儿童的想像力和创造力。卧室的墙面和天花造型设计可以极具想像力，如运用仿生的设计原理，将造型设计成树木、花朵、海浪等。儿童天性怕孤独，可以摆放各种玩具供其玩耍。针对幼儿期儿童好奇、好动的特点，可以划分出一块儿童独立生活玩耍的区域，地面上铺木地板或泡沫地板，墙面上装饰五彩的墙纸或留给儿童自己涂沫的生活墙。

1.客厅电视背景墙有哪些设计形式？

2.儿童卧室设计时应注意哪些问题？

任务二　分析居住空间设计案例

【学习目标】

1.了解全套居住空间的装饰设计技巧；

2.能通过案例分析居住空间的设计技巧。

【教学方法】

1.讲授、图片展示结合课堂提问和角色扮演（学生扮演设计师分析案例)，通过大量的居住空间设计案例、图片和影像资料，训练学生的居住空间装饰设计能力；

2.遵循教师为主导、学生为主体的原则，采用多种教学方法的有机结合，激发学生的学习积极性，变被动学习为主动学习。

【学习要点】

1.全套居住空间的装饰设计技巧；

2.全套居住空间的分析与解说技巧。

案例一： 广州番禺现代风格别墅设计，如图6-1～图6-3所示。

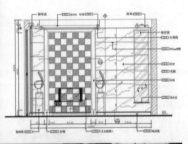
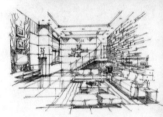

　　广州番禺雅居乐花园龙先生别墅设计，以简约、现代为主要风格，整个室内空间给人以时尚、简洁、大方的感觉，使主人在繁忙的工作之余能够找到家的感觉，放松身心，享受生活。

　　室内的材料主要用浅色大理石、灰镜和白色勾花墙纸，简约中不失高贵、典雅的气质。室内色彩以白色为主调，传达出洁净、光亮、明快的视觉效果。

图6-1　广州番禺现代风格别墅设计1（文健　作）

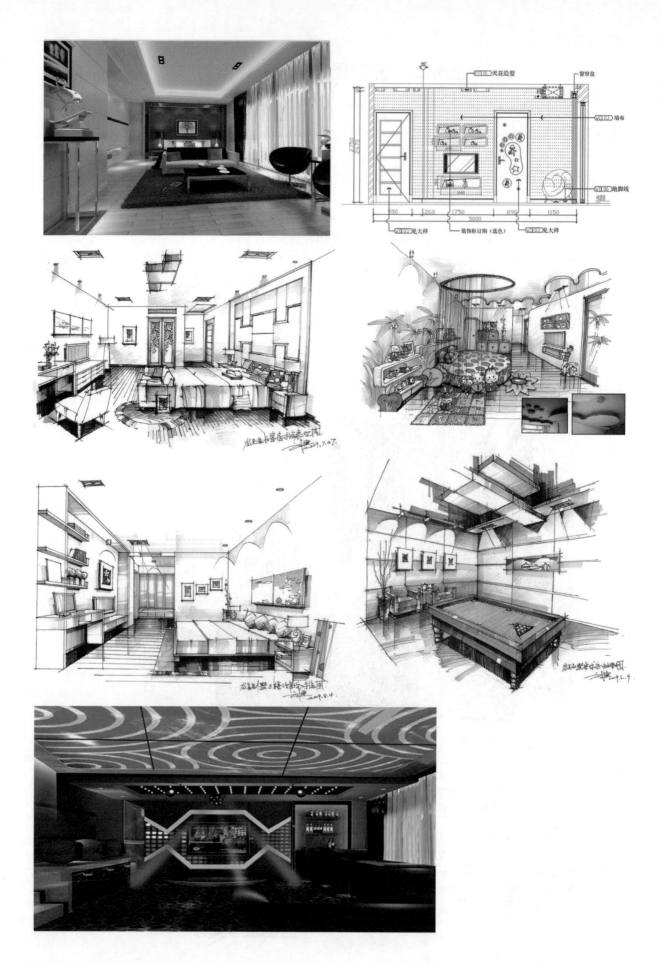

图6-2 广州番禺现代风格别墅设计2（文健 作）

图6-3 广州番禺现代风格别墅设计3（文健 作）

案例二： 顺德碧桂园欧式风格别墅设计，如图6-4和图6-5所示。

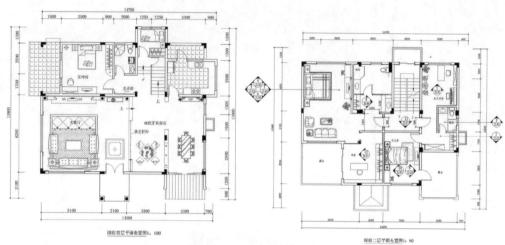

顺德谭总别墅设计，以欧式古典风格为主，主材为大理石、金箔、墙布，色彩以黄色、褐色和白色为主调，整个空间传达出高贵、奢华、庄重、典雅的品质和气度。非常适合企业精英和商界成功人士的品位。

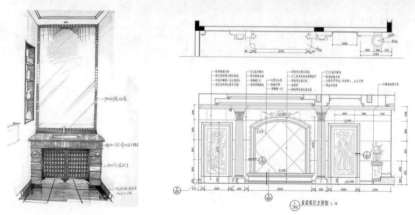

图6-4　顺德碧桂园欧式风格别墅设计1（文健　作）

顺德碧桂园谭总主卧室设计，风格以欧式古典为主，墙面装饰以白色线条板和墙纸为主，显得洁净、大方，显示出高贵、典雅的气质。房间的色彩以暖色调为主调，营造出舒适、温馨的视觉感受。

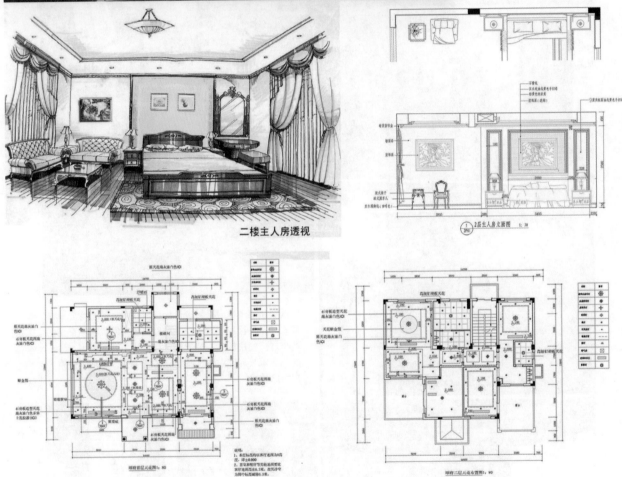

二楼主人房透视

图6-5　顺德碧桂园欧式风格别墅设计2（文健　作）

案例三：广西梧州样板房设计，如图6-6和图6-7所示。

广西梧州丽港华府样板房设计，以欧式风格为主要风格
样式，罗马柱、圆形吊顶、对称造型等欧式风格常见的
造型样式使用较多。色彩以黄赭色为主调，显得富贵、
奢华。家具和陈设做工精致、样式考究，展现出庄重、
典雅的效果。

图6-6　广西梧州样板房设计1（文健　作）

图6-7　广西梧州样板房设计2（文健　作）

案例四： 深圳国际公寓样板间设计，如图6-8和图6-9所示。

深圳深色国际公寓样板间设计，设计风格以现代欧式为主，简约中彰显品质，展现低调的奢华效果。室内空间开阔舒展，色彩和谐、明快，给人以庄重、典雅的视觉效果。

图6-8 深圳国际公寓样板间设计1

图6-9 深圳国际公寓样板间设计2

案例五：深圳香蜜湖中式风格别墅设计，如图6-10所示。

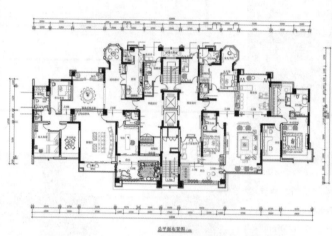

深圳香蜜湖别墅设计，设计风格以中式传统风格为主，大量运用传统的设计元素和符号，如石鼓、木窗花、博古架等，营造出儒雅、稳重的空间氛围，也显示出主人高雅的审美品位和深厚的文化底蕴，以及对传统中华文化的热爱和传承。

图6-10　深圳香蜜湖中式风格别墅设计

案例六：深圳滨海御庭中式风格别墅设计，如图6-11和图6-12所示。

图6-11　深圳滨海御庭中式风格别墅设计1（文健　作）

图6-12 深圳滨海御庭中式风格别墅设计2（文健 作）

案例七：深圳东港印象中式风格样板房设计，如图6-13所示。

图6-13 深圳东港印象中式风格样板房设计

案例八：福州中城名仕汇现代风格别墅设计，如图6-14所示。

图6-14　福州中城名仕汇现代风格别墅设计

案例九：惠州方直君御中式风格别墅设计，如图6-15所示。

图6-15　惠州方直君御中式风格别墅设计

案例十： 广州中颐海伦春天泰式风格别墅设计，如图6-16和图6-17所示。

图6-16　广州中颐海伦春天泰式风格别墅设计1

图6-17　广州中颐海伦春天泰式风格别墅设计2

案例十一： 广州汇景新城龙熹山现代风格别墅设计，如图6-18所示。

图6-18 广州汇景新城龙熹山现代风格别墅设计

案例十二： 广州番禺雅居乐剑桥郡简欧风格别墅设计，如图6-19所示。

图6-19 广州番禺雅居乐剑桥郡简欧风格别墅设计

案例十三：广东中山时代白朗峰国际公寓设计，如图6-20所示。

图6-20 广东中山时代白朗峰国际公寓设计

案例十四： 广东珠海华发水郡花园现代风格别墅设计，如图6-21～图6-23所示。

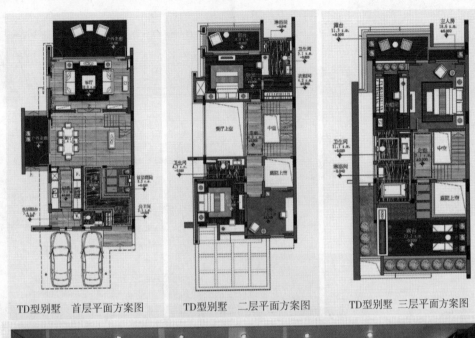

TD型别墅　首层平面方案图　　　TD型别墅　二层平面方案图　　　TD型别墅　三层平面方案图

客厅效果图

卧室效果图

图6-21　广东珠海华发水郡花园现代风格别墅设计1

书房效果图

餐厅连客厅效果图

主人房效果图

图6-22　广东珠海华发水郡花园现代风格别墅设计2

主人房卫生间效果图

三层露台效果图

墙身云石　　　地面云石　　　墙身扪布　　　木饰面

墙身扪皮　　　贝母饰面　　　夹纱玻璃　　　墙身扪布

物料示意图

图6-23　广东珠海华发水郡花园现代风格别墅设计3

案例十五： 广州琶州天悦国际公寓设计，如图6-24和图6-25所示。

图6-24　广州琶州天悦国际公寓设计1

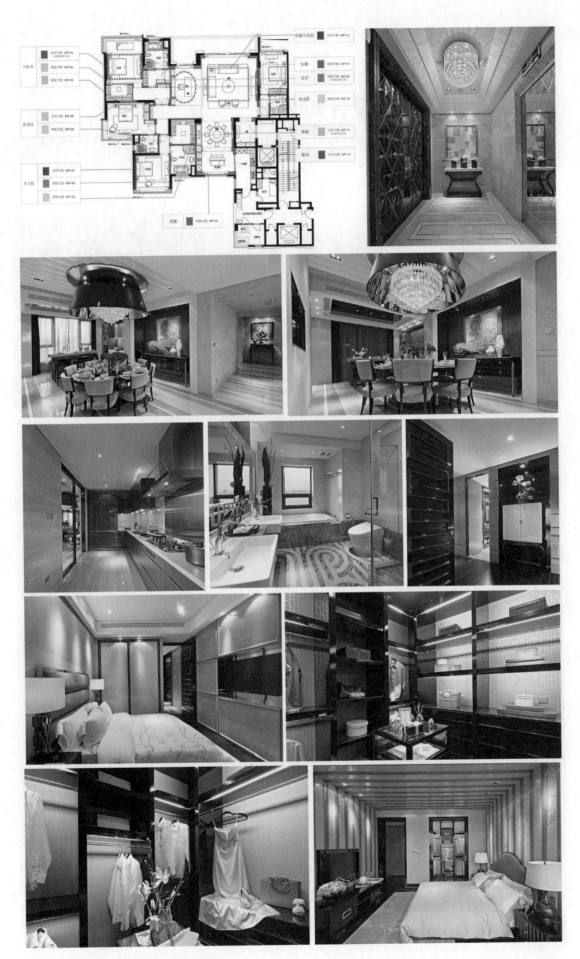

图6-25　广州琶州天悦国际公寓设计2

案例十六： 儿童卧室学生创作作品，如图6-26和图6-30所示。

儿童卧室设计与表现

VILLA   DESIGN

VILLA DESIGN

设计以经典动画片《喜羊羊与灰太狼》为主题，将片中的经典卡通形象应用于室内家具及墙面装饰中，表现出特有的童趣和轻松、欢快的空间效果。

设计主题：《喜羊羊与灰太狼》

学生：彭海晨、欧阳振华、毛吉朗

图6-26   儿童卧室学生创作作品1

儿童卧室设计与表现

VILLA DESIGN

设计以经典卡通片《海贼王》为主题，色彩艳丽、大方，家具和墙面造型生动、活泼，充满天真、浪漫的童趣。

设计主题：《海贼王》

学生：程罗殷、吴伟杰、袁丽娜、夏楠燕、
郑舒友、

图6-27 儿童卧室学生创作作品2

儿童卧室设计与表现

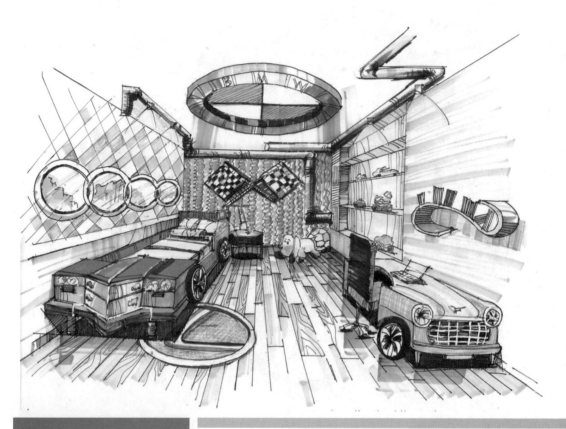

设计以汽车为主题，结合汽车标志，生动传神地营造出室内的空间情趣，展现出特有的趣味和品质。

设计主题：《汽车》、《维尼熊》

学生：郑怀海、熊利钦

图6-28　儿童卧室学生创作作品3

160

儿童卧室设计与表现

VILLA DESIGN

设计以《机器猫》为主题，形象鲜明，色彩明快，造型简洁实用，给人以清新、自然地感觉。

设计主题：《机器猫》

学生：杨龙军、黎启康

图6-29　儿童卧室学生创作作品4

儿童卧室设计与表现

设计以《卡通》和《英文字母》为主题，生动传神地将室内的空间氛围表达了出来。色彩鲜艳、明亮，展现出儿童特有的纯真。

设计主题：《卡通》和《英文字母》

学生：刘航东、陈泽秋、张嘉文、米灵

　　　卢妙娜、何梓楠、郑金萍、陈媛

图6-30　儿童卧室学生创作作品5

掌握餐饮空间装饰设计的方法和技巧

【学习目标】

1.了解餐饮空间设计应注意的问题；

2.通过案例分析餐饮空间装饰设计的方法和技巧。

【教学方法】

1.讲授、课堂提问结合课堂示范，通过案例教学法，启发和引导学生思维。同时，为学生提供充足的动手练习时间，培养学生的自我学习能力；

2.遵循教师为主导、学生为主体的原则，采用多种教学方法的有机结合，激发学生的学习积极性，变被动学习为主动学习。

【学习要点】

1.掌握餐饮空间的设计和绘制技巧；

2.掌握中餐厅和西餐厅的设计技巧。

任务一　掌握餐饮空间装饰设计方法和技巧

餐饮空间是指通过集饮食加工制作、商业销售和就餐服务于一体，向消费者专门提供各种食品、酒水的消费场所。餐饮空间的经营内容非常广泛，不同的民族、地域和文化，其饮食习惯也不相同。餐饮空间按经营内容可分为中式餐厅、西式餐厅、宴会厅、快餐厅、酒吧与咖啡厅、风味餐厅和茶室等。

餐饮空间设计时应注意以下问题。

(1) 餐饮空间的面积可根据餐厅的规模与级别来综合确定，一般按$1.0 \sim 1.5 m^2$/座来计算。餐厅面积指标的确定要合理，指标过小，会造成拥挤、堵塞；指标过大，会造成面积浪费、利用率不高和增大工作人员的劳动强度等问题。

(2) 营业性的餐饮空间应有专门的顾客出入口、休息厅、备餐间和卫生间。

(3) 就餐区应紧靠厨房设置，但备餐间的出入口应处理得较为隐蔽，同时还要避免厨房气味和油烟进就餐区。

(4) 顾客用餐活动路线与送餐服务路线应分开，避免重叠。同时还要尽量避免主要流线的交叉，送餐服务路线不宜过长（最大不超过40 m），并尽量避免穿越其他用餐空间。在大型的多功能厅或宴会厅应以备餐廊代替备餐间，以避免送餐路线过长。

(5) 在大型餐饮空间中应以多种有效的手段（如绿化、半隔断屏风等）来划分和限定各个不同的用餐区，以保证各个区域之间的相对独立和减少相互干扰。

(6) 餐饮空间设计应注意装饰风格与家具、陈设以及色彩的协调。地面应选择耐污、耐磨、易于清洁的材料。

(7) 餐饮空间设计应创造出宜人的空间尺度、舒适的通风和采光等物理环境。

(8) 餐饮空间的色彩多采用暖色调，以达到增进食欲的目的。不同风格的餐饮空间其色彩搭配也不尽相同。中式餐饮空间常用熟褐色、黄色、大红色和灰白色，营造出稳重、儒雅、温馨、大方的感觉；西式餐饮空间多采用粉红、粉紫、淡黄、赭石和白色，有些高档西餐厅还施以描金，营造出优雅、浪漫、柔情的感觉；自然风格的餐饮空间多选用天然材质，如竹、石、藤等，给人以自然、休闲的感觉。

(9) 绿化是餐饮空间设计中必不可少的内容，它可以为整个餐饮空间带来清新、舒适的感觉，增强空间的休闲效果。

(10) 室内陈设的布置与选择也是餐饮空间设计的重要环节。室内陈设包括字画、雕塑和工艺品等，应根据设计需要精心挑选和布置，营造出空间的文化氛围，增加就餐的情趣。

任务二 分析餐饮空间设计案例

【学习目标】

1.了解餐饮空间的装饰设计技巧；

2.能通过案例分析餐饮空间的设计技巧。

【教学方法】

1.讲授、图片展示结合课堂提问和角色扮演（学生扮演设计师分析案例），通过大量的居住空间设计案例、图片和影像资料，训练学生的餐饮空间装饰设计能力；

2.遵循教师为主导、学生为主体的原则，采用多种教学方法的有机结合，激发学生的学习积极性，变被动学习为主动学习。

【学习要点】

1.全套餐饮空间的装饰设计技巧；

2.全套餐饮空间的分析与解说技巧。

案例一：广州番禺多美丽快餐厅设计，如图7-1～图7-3所示。

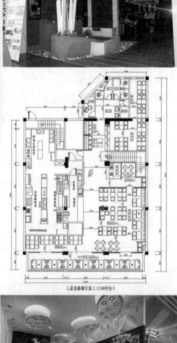

广州番禺多美丽快餐厅设计

1.总体设计思路

定位为都市年轻、时尚型的消费人群提供快餐服务，整个设计理念以青春、浪漫、温馨、优雅为主旋律，体现出空间的内在品质和高雅气度。

2.室内空间设计思路

一楼是多美丽的系列品牌咖啡厅——卡斯堡休闲咖啡厅，在功能定位上以为时尚都市青年提供一处自然、优雅和休闲的场所为设计宗旨，同时兼具过道功能。其在空间上主要划分为左右两个区域，左面的区域以临街水景和休闲卡座为主，采用自然园林式的设计手法，将立体流水景观、小水池和仿生的树枝造型等设计元素有机地结合在一起，营造出清新、自然的空间氛围。右面的区域是进入二楼多美丽餐厅的通道，在立面墙的处理上采用内凹式藏光的设计手法，将多美丽公司的标识鲜明地展示了出来。

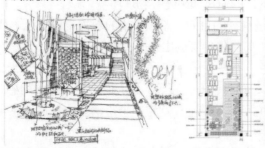

图7-1 广州番禺多美丽快餐厅设计1（文健 作）

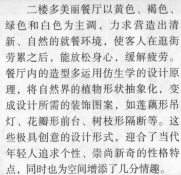

二楼多美丽餐厅以黄色、褐色、绿色和白色为主调，力求营造出清新、自然的就餐环境，使客人在逛街劳累之后，能放松身心，缓解疲劳。餐厅内的造型多运用仿生学的设计原理，将自然界的植物形状抽象化，变成设计所需的装饰图案，如莲藕形吊灯、花瓣形前台、树枝形隔断等。这些极具创意的设计形式，迎合了当代年轻人追求个性、崇尚新奇的性格特点，同时也为空间增添了几分情趣。

餐厅内的座椅采用实木，使空间更具天然原始的韵味；柱子采用凹凸设计加重复构成的手法，增添了空间的时尚气息；室内还通过天花吊饰、布艺、靠垫和陈设品等软装饰物营造餐厅情调，并可根据不同的环境气氛要求，调整装饰效果，避免单调感。

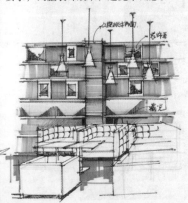

图7-2　广州番禺多美丽快餐厅设计2（文健　作）

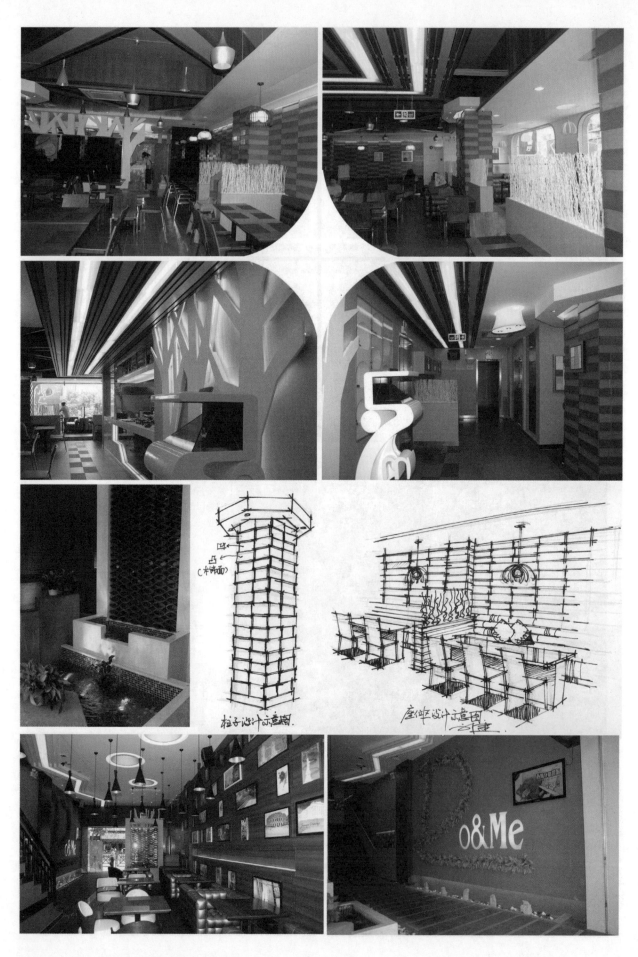

图7-3 广州番禺多美丽快餐厅设计3（文健 作）

案例二：无锡外婆家餐厅设计，如图7-4和图7-5所示。

图7-4　无锡外婆家餐厅设计1

图7-5　无锡外婆家餐厅设计2

案例三： 无锡金海华美食城设计，如图7-6所示。

江苏无锡金海华美食城设计

图7-6 无锡金海华美食城设计

案例四：广州泮江酒家餐厅设计，如图7-7和图7-8所示。

图7-7　广州泮江酒家餐厅设计1（文健、林健飞　作）

图7-8　广州泮江酒家餐厅设计2（文健、林健飞　作）

案例五： 湖南郴州苏仙宾馆宴会厅设计，如图7-9所示。

湖南郴州苏仙宾馆百福厅设计

　　百福厅的设计以"福"字为主要设计元素展开，吊灯为"福"字形的水晶吊灯，墙上造型主材为硬包结合茶色镜和中式木雕花，中间镶嵌福字。整个大厅的色彩以暖色调为主调，显得雍容、华贵、富丽堂皇。

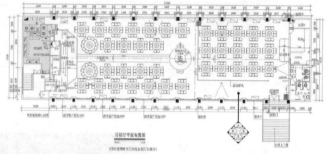

图7-9　湖南郴州苏仙宾馆宴会厅设计（文健、吴伟　作）

案例六: 广西梧州莱茵河畔西餐厅设计,如图7-10所示。

图7-10 广西梧州莱茵河畔西餐厅设计(文健、吴伟 作)

案例七： 广州黄果树餐厅设计，如图7-11所示。

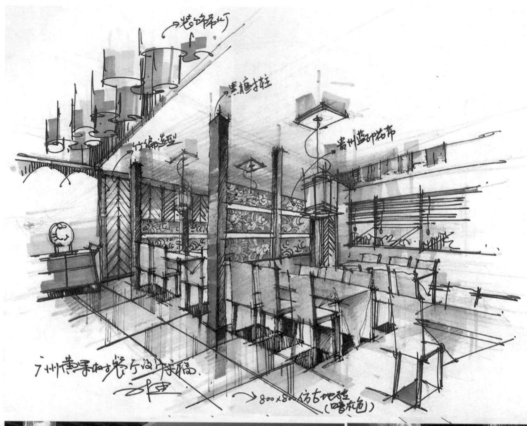

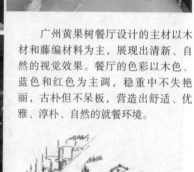

广州黄果树餐厅设计的主材以木材和藤编材料为主，展现出清新、自然的视觉效果。餐厅的色彩以木色、蓝色和红色为主调，稳重中不失艳丽，古朴但不呆板，营造出舒适、优雅、淳朴、自然的就餐环境。

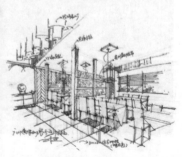

图7-11　广州黄果树餐厅设计（文健、吴伟　作）

案例八： 深圳黄记煌火锅设计，如图7-12所示。

图7-12 深圳黄记煌火锅设计

案例九： 深圳隐泉日本料理餐厅设计，如图7-13所示。

图7-13 深圳隐泉日本料理餐厅设计

案例十：餐饮空间设计手绘表达，如图7-14~图7-17所示。

图7-14 餐饮空间设计手绘表达1

图7-15　餐饮空间设计手绘表达2

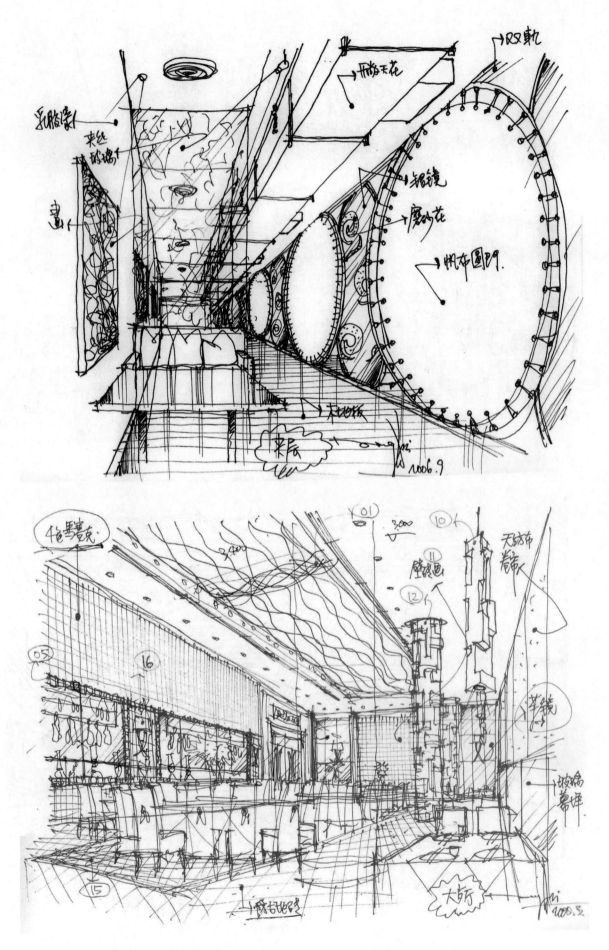

图7-16　餐饮空间设计手绘表达3

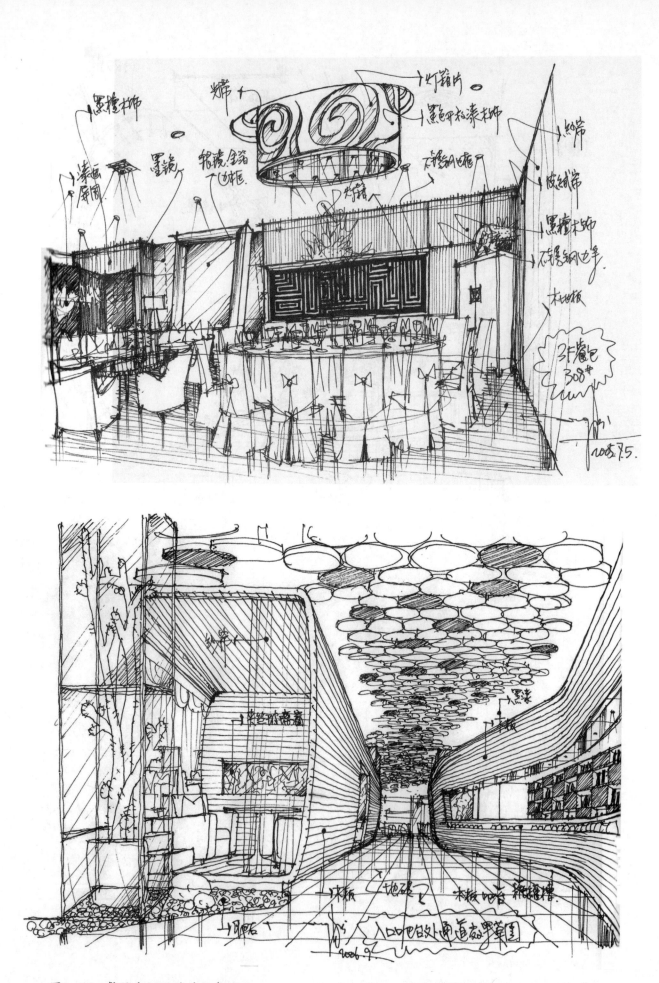

图7-17　餐饮空间设计手绘表达4

参 考 文 献

[1] 贡布里希. 艺术发展史. 范景中, 译. 天津: 天津人民美术出版社, 1991.

[2] 王受之. 世界现代建筑史. 北京: 中国建筑工业出版社, 1999.

[3] 王受之. 世界现代设计史. 广州: 新世纪出版社, 1995.

[4] 陈志华. 室内设计发展史. 北京: 中国建筑工业出版社, 1979.

[5] 齐伟民. 室内设计发展史. 合肥: 安徽科学技术出版社, 2004.

[6] 陈易. 室内设计原理. 北京: 中国建筑工业出版社, 2006.

[7] 邱晓葵. 室内设计. 北京: 高等教育出版社, 2002.

[8] 张绮曼, 郑曙阳. 室内设计资料集. 北京: 中国建筑工业出版社, 1991.

[9] 李朝阳. 室内空间设计. 北京: 中国建筑工业出版社, 1999.

[10] 陆震伟, 来增祥. 室内设计原理. 北京: 中国建筑工业出版社, 1997.

[11] 霍光. 室内设计原理. 海口: 海南出版社, 2000.

[12] 李泽厚. 美的历程. 天津: 天津社会科学院出版社, 2001.

[13] 史春珊, 孙清军. 建筑造型与装饰艺术. 沈阳: 辽宁科学技术出版社, 1988.

[14] 童慧明. 100年100位家具设计师. 广州: 岭南美术出版社, 2006.

[15] 汤重熹. 室内设计. 北京: 高等教育出版社, 2003 .

[16] 朱钟炎. 室内环境设计原理. 上海: 同济大学出版社, 2003 .

[17] 巴赞. 艺术史. 刘明毅, 译. 上海: 上海美术出版社, 1989.

[18] 许亮, 董万里. 室内环境设计. 重庆: 重庆大学出版社, 2003 .

[19] 尹定邦. 设计学概论. 长沙: 湖南科学技术出版社, 2001.

[20] 席跃良. 设计概论. 北京: 中国轻工业出版社, 2004 .

[21] 潘吾华. 室内陈设艺术设计. 北京: 中国建筑工业出版社, 2006.

[22] 文健. 手绘效果图表现技法. 北京: 北京交通大学出版社, 2005.

[23] 文健. 设计线描与透视. 北京: 中国传媒大学出版社, 2006.

[24] 尹定邦. 设计学概论. 长沙: 湖南科学技术出版社, 2001.